人气品牌包包钩编2

和 BEYOND THE REEF 一起编织

〔日〕BEYOND THE REEF 著

蒋幼幼 译

河南科学技术出版社
· 郑州 ·

目　录

前 言

大家好，我们是BEYOND THE REEF。

《人气品牌包包钩编1》是我们出版的第1本书。
发行以后，很多朋友编织了书中的作品。
我们感到非常高兴，并且衷心地感谢大家！

我们BEYOND THE REEF的包包保留了手编的温度，
在设计中融入当今的时代潮流，一如既往传递着编织的魅力。

本书秉持这一理念，以"快乐编织，开心拥有"为主题，
为大家带来了更多精彩的作品。
不仅要编织，编织完成后还要真正用起来，
能够和现实生活中的服饰搭配！
如果大家都能这么想，我们将感到十分荣幸。

书中作品的编织方法都非常简单，记住"等针直编"的要领，
为他人或者为自己编织，尽享充实的美好时光吧。

№.1 彩色流苏包

|

制作方法：p.50

线材：MARCHENART Manila hemp yarn

制作：妻川香奈

这款斜挎的包包，彩色的流苏令人印象深刻。制作要点是将2根线合股钩织的圈圈针的线圈修剪得整齐漂亮。作品中将线圈剪成了流苏，不过直接保留线圈也不错，可以按自己的喜好灵活应用。编织过程中流苏变得杂乱无章也不怕，完成后用蒸汽熨斗熨烫一下就能让它恢复顺直的状态。

No.2 三角托特包

|

制作方法：p.52

线材：DARUMA SASAWASHI

制作：安部美奈子

b

这是一款由2种不同花样组成的托特包，适合知性成熟的女性。先用短针往返钩织三角形的袋状部分，然后按网格花样钩织菱形部分，再将这2个部分缝合即可。此时务必熨烫一下整理好形状，保持2片织片左右高度一致，确认位置后缝合。竹制提手和金色的金属配件使作品更加富有韵味。

No.3 条纹针翻盖包

制作方法：p.55

线材：DARUMA SASAWASHI FLAT

制作：安部美奈子

a

b

这款斜挎的翻盖包设计非常简约，条纹针花样清晰可辨。改变织片的方向，同一种花样给人的印象却不尽相同。往返编织的两端针目容易松弛，所以两端的1~2针要钩紧一点才能编织出漂亮的长方形轮廓。最后钩织边缘前，建议先用熨斗熨烫一下整理好形状。再加上姓氏拼音的首字母作为装饰，便是一款私人定制包包。

No.4 二合一子母包

制作方法：p.58

线材：DARUMA SASAWASHI

制作：久保明美

这套子母包是由束口包和爆米花针水桶包组成的双层结构，很有BEYOND THE REEF的设计风格，也可以分别作为单品使用。外侧的爆米花针水桶包用2根线合股编织，结实耐用。编织专用的皮革包底更是加强了包包的稳固性。内侧的束口包用相同的1根线再现了细腻的短针。水桶包和束口包使用不同的配色效果应该也不错。

No.5、6 褶边束口包

制作方法：p.66

线材：芭贝 Leafy、和麻纳卡 Wash Cotton

制作：安部美奈子

双侧褶边束口包也被精选为封面款，它全部由精致的短针钩织而成，比看上去更加结实。首先钩织束口包的主体，注意织片宽度要保持一致。作为设计亮点的褶边饰带是钩织足够长的织片后抽褶制作而成的。在此基础上改编的另一款作品使用了不同颜色的线钩织褶边饰带，并且只在中心缝上了1条褶边饰带。大家也可以调整褶边饰带的颜色和位置进行自由创作。

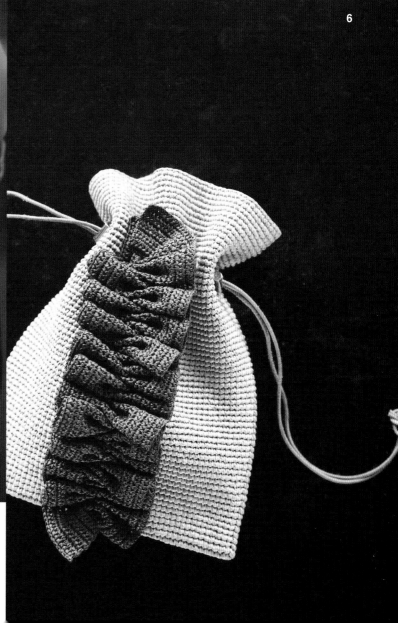

|

制作方法：p.68

线材：MARCHENART Manila hemp yarn

制作：片谷祐美

这款方便实用的手机斜挎包使用了鳄鱼针钩织，整个包身仿佛加上了波浪花样。最大的诀窍就是要钩织得紧一点，这样才能呈现出漂亮的波浪花样。另外，钩织花样的长针时，一边转动织片一边钩织或许更容易操作。不妨按自己喜欢的尺寸和颜色试试看。装饰纽扣也可以缝在自己喜欢的位置。

No.8、9　星形束口包

制作方法：p.61（№.8 大号）、
　　　　　　p.64（№.9 小号）

线材：和麻纳卡 eco-ANDARIA

制作：安德鲁・赐惠

星形包底的束口包闪闪发亮，让人一看到就不由得绽放笑容。无须断线就能编织完成的五角星是BEYOND THE REEF的原创设计。虽然编织过程中会扭曲，但是完成后喷上蒸汽熨烫一下就能呈现出漂亮的星形。编织大小2个尺寸制作成亲子包包也很可爱吧。

№.10 水桶包

制作方法：p.70

线材：芭贝 Leafy、MARCHENART Manila hemp yarn（晕染）

制作：上梅泽博子

a b

以前也曾在《毛线球》上介绍过的这款包包是BEYOND THE REEF的代表作之一。等针直编，尽量避免短针倾斜。在2层包底织片之间夹入底板，非常结实。需要注意的是，作为包盖的大片扣带从编织起点到编织终点务必用力均匀，否则缝到主体上容易歪歪扭扭。钩织的包带、金色的包链、竹制提手，集3种提手于一身，不仅可以根据心情选择使用，也是设计的一大亮点。

№.11 镂空手拎包

制作方法：p.72

线材：和麻纳卡 eco-ANDARIA

制作：久保明美、妻川香奈

在第1本书《人气品牌包包钩编1》中有一款轻巧的镂空包，这个截然不同的设计就是根据那款作品改编的。调整提手的安装位置，就变成了立体的三角形状。制作要点是从椭圆形的皮革包底径直往上钩织短针。网眼的编织花样部分注意不要钩得太松。最后喷上蒸汽熨烫一下，包型会更加平整美观。

No.12 口金手拿包

制作方法：p.74

线材：芭贝 Leafy

制作：佐藤真理子、安部美奈子

这款口金手拿包是BEYOND THE REEF的代表作之一，自发表以来人气居高不下。作为大容量的手拿包，希望大家可以尝试各种时尚搭配。这款花样钩织时容易向左倾斜，需要时常留意。结实的铝管框架口金不仅是设计的亮点，也可以用作提手。

No.13 爆米花针小斜挎

制作方法：p.76

线材：芭贝 Leafy

制作：宫川昌子、吉田美绘

b

c

a

爆米花针钩织的小挎包圆鼓鼓的，像马卡龙，又像贝壳。可爱的外形让它可以像饰品一样搭配。尺寸和外形因为钩织时手的松紧度不同容易发生变化，无论是圆鼓鼓的碗形，还是柔软扁平的形状，都非常可爱。钩织时，请注意统一前后2片织片的大小和形状。

No.14、15 双色方形包

I

制作方法：p.77

线材：MARCHENART Manila hemp yarn

制作：安部美奈子

这两款包的前片是菱形花样，后片是简单的短针。前、后片特意使用了不同颜色的线，更加突显了菱形花样。因为安装了气眼扣，可以灵活搭配各种各样的提手。提手可长可短，不仅可以简单用作扁平的包包，也可以调整皮革绳的穿法改成立体的包型。

No.16、17 抱枕套

制作方法：p.83

线材：Ski毛线 Shelly纯羊毛极粗

制作：小林富美、三浦厚子

将BEYOND THE REEF早期手拿包的编织花样重新设计，制作成了抱枕套。两款作品都使用了棒针特有的立体花样，十分精美。左边的抱枕套使用了蜂巢花样，宛如排列整齐的钻石。为了防止交叉针之间太松驰，编织时稍微拉紧一点，可以浮现出更立体的花样。右边的抱枕套则使用了大面积的交叉针和起伏针。

№.18　厚子女士的毛毯
Ⅰ
制作方法：p.86

线材：Ski毛线 Shelly纯羊毛极粗

制作：三浦厚子

这款毛毯的编织花样是BEYOND THE REEF编织成员厚子女士设计的。编织花样很有规律，在编织过程中逐渐呈现出来，相信编织起来一定很愉快。简单却富有魅力的纹理会让作品更加惹人喜欢，且能用上很久。

No.19 仿皮草束口包
|

制作方法：p.88

线材：芭贝 Leafy、和麻纳卡 Lupo

制作：石井奈奈

在主体编织花样的基础上加钩仿皮草线，瞬间变成了秋冬也能使用的仿皮草包，也增添了一分奢华感。这款花样容易向左倾斜，钩织时尽量向右拉出线。另外，中长针不要拉得太高，钩织得紧致一点会更加美观。

No.20 手腕包

制作方法：p.80

线材：芭贝 Leafy

制作：久保明美

这是一款带拉链、单提手的手腕包，新颖独特又胖嘟嘟的造型十分可爱。主体每行在2处加针，这种加针方法是编织出规整的扇形包的关键。另外，正中间的拉针线条不仅在设计上起到了收拢的视觉效果，而且也是避免斜行、径直往上编织的参照线。

No.21　松叶针束口包

制作方法：p.90

线材：DARUMA SASAWASHI FLAT

制作：安部美奈子

这款简单的束口包使用了传统的松叶针花样，也是BEYOND
THE REEF经久不衰的款式。紧致的松叶针和水滴状的扇形
镂空打造出轻盈的效果。将植鞣革皮革绳随意打结固定，更
彰显天然质感。

No.22 口金斜挎包

制作方法：p.92

线材：和麻纳卡 Emperor

制作：安德鲁·赐惠

b

a

这款迷你斜挎包圆鼓鼓的立体造型太可爱了，口金"啪嗒"一声打开，可以放入卡包和钥匙等。四方形包底在转角钩织3针，然后一边放针一边钩织得松一些。因为此作品是将织片的反面用作口金包的正面，编织时也要留意织片反面的状态。

No.23　小怪兽手拎包

制作方法：p.94

线材：DARUMA Melange Slub

制作：吉田美绘

令人着迷的手拎包就像毛茸茸的小怪兽，是用大量的圈圈针钩织而成的。圈圈针容易松散，钩织时请收紧针目。搭配活动眼睛和超大的透明圆环提手，更是童趣十足。

№.24 船形斜挎包
|
制作方法：p.96

线材：DARUMA LOOP、芭贝 Leafy

制作：上梅泽博子

这款船形设计的斜挎包外观小巧，容量却比看上去大很多。用夏季线和冬季线合股编织，不仅纹理独特，而且结实耐用。诀窍是包底上下2层织片的尺寸要编织得刚刚好。另外，为了使松软可爱的毛线圈露出正面，钩织时稍微向外拉紧，可以呈现出毛茸茸的效果。

重点教程

气眼扣的安装方法

1

上方从左起依次是气眼扣（正面、反面）、安装台（底座、压制模具）、安装棒。下方从左起依次是橡胶垫、木槌。

2

从正面安上带柱的气眼扣（正面），再套上垫片（反面）。

3

铺上橡胶垫，将安装好的气眼扣放在安装台（底座）上，然后在反面放上压制模具，上下夹住气眼扣。

4

垂直放上安装棒，用木槌敲打。敲打时注意不要歪斜。

磁扣的安装方法

1

给毛线缝针穿线（用编织线），在织片反面的缝合位置挑1针加线，在相同位置再挑1针绕线，固定线头（珠针用于标记缝合位置）。

2

线头固定后，开始缝上磁扣。缝合时只挑取织片反面的线，注意缝线不要露到正面。

3

依次缝住磁扣的四角。

4

牢牢缝住后，在磁扣后面的针目里来回穿几次针，再将线剪断。

蛙嘴口金的安装方法

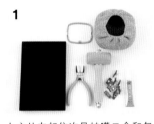

1

上方从左起依次是蛙嘴口金和包包主体。下方从左起依次是橡胶垫、硅胶手柄的钳子、木槌、缝纫定位夹、胶水。

2

主体的包口和口金对齐。起立针位置对准铆钉（侧边的螺钉部分），确认好位置。

3

将主体嵌入口金的凹槽。为了确认尺寸是否合适，用缝纫定位夹暂时固定。

4

取下主体，在口金的凹槽里涂上胶水。在铆钉边端空出2mm左右，涂上足够的胶水。

5

再次像前面暂时固定那样将主体嵌入口金。首先是嵌入起立针位置和侧边。

6

接着按弧线部分、中心的顺序慢慢将包口针目嵌入凹槽。

7

一边安装一边用缝纫定位夹固定。

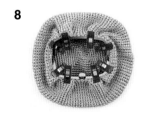

8

将包口针目均匀地全部嵌入口金凹槽后的状态。

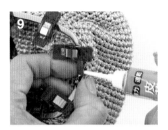

9

在铆钉位置一开始没有涂胶水的地方滴上胶水，再与主体黏合。静置1个小时以上，等待胶水晾干。

10

用木槌敲打口金的凹槽使其卡紧。将口金包放在橡胶垫上，一边从包底确认口金位置一边敲打，注意不要损坏转角。

11

铆钉和卡扣附近很难用木槌敲打的地方可以用钳子压紧。

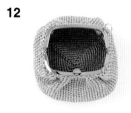

12

口金就安装完成了。

褶边饰带的抽褶方法 ＊使用比较顺滑的棉线

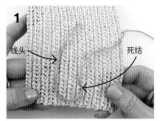

1

线头　死结

在指定位置挑针加线，打上死结固定线头。

2

约1.5cm

每隔1.5cm左右（间隔4~5针）做平针缝。

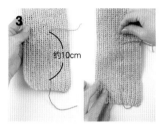

3

约10cm

缝上10cm左右后，再往回缝。

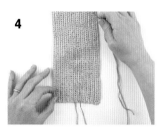

4

向左移2行用相同方法做平针缝，回到加线位置。

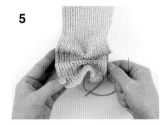

5

拉线抽褶。

6

在刚才缝好的10cm处穿线。

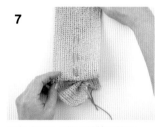

7

重复步骤**2~6**做平针缝和抽褶。

8

按此要领一点一点抽褶制作褶边饰带。

夹入底板的方法

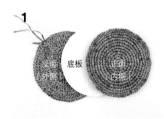

1

反面外侧　底板　正面内侧

2片包底钩织完成后先熨烫平整。然后正面朝外重叠，之后中间会夹入底板。

2

在2片包底的最后一行针目里插入钩针，钩织主体的第1行短针。

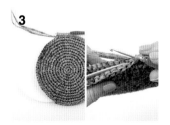

3

钩织2片重叠的包底至中途后，放入底板继续钩织。

4

继续钩织主体，注意不要弄错外侧和内侧。

框架口金的安装方法和缎带的缠绕方法

●框架（铝管）口金的安装方法

1

这是将铝管弯曲成梳子形状的口金。先取下螺钉，拆成2根。

2

口金通道部分编织完成后暂时取下钩针，接着在第1行反面凸起的线圈里插入钩针，再将编织终点的线圈拉出（为了便于理解，此处使用了不同颜色的线）。

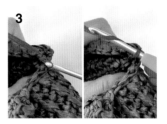

3

拉出后，针头挂线引拔。

4

将口金通道部分对折，同时挑起下1针，挂线并引拔，做引拔接合。

5

按相同要领逐针挑针接合。

6

提手部分只挑起提手上的锁针（指的是起针锁针和编织终点的针目头部）接合。

7

按相同要领逐针挑针接合。

8

也可以一开始就包住口金钩织（穿入口金时，可以用遮蔽胶带等包住口金的末端以免损坏织片）。

9

另一侧也用相同方法制作口金通道，穿入口金后对齐末端。

10

插入螺钉固定口金。

11

口金就安装完成了。

●缎带的缠绕方法

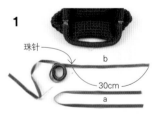

1

珠针

b

30cm

a

剪2根缎带，分别是a（70cm）和b（180cm）。在缎带b距离末端30cm处用珠针做个记号。

2

首先，沿着口金穿入缎带a。将缎带a穿入毛线缝针，从中心穿入左半部分。如果一次性穿不好，可在中途先拉出来。

3

在相同位置插入毛线缝针，再从短针的头部出针。

4

缎带a在左侧留出25cm左右。

5

空出1针，右侧也用相同方法穿入缎带a。

6

约25cm

一边穿入缎带 a，一边注意不要让
其扭转。

7

接下来将长一点的缎带 b 缠绕在
口金上。将缎带 b 穿入毛线缝针，
再从内往外，在起针锁针的 2 根
线以及引拔针的 2 根线里插入毛
线缝针。

8

将缎带 b 拉出至珠针所在位置。

9

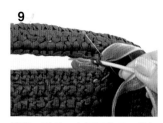

缠绕 1 圈后，在相同位置、从相
同方向再次插入毛线缝针。

10

继续缠绕，注意不要扭转缎带 b
（取下珠针）。

11

接着从相同方向在相邻针目里插
入毛线缝针，缠绕 1 圈。

12

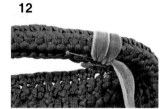

一边逐针缠绕并拉紧，一边仔细
整理扭转的缎带 b。

13

接着跳过 1 针，在下个针目里插
入毛线缝针，缠绕缎带 b。

14

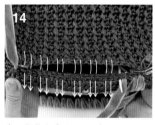

参照制作方法（p.74）中的图示，一
边跳过针目一边继续缠绕缎带 b。

15

最后缠绕 2 次，第 2 次从主体最
后一行短针的根部出针，将缎带
b 拉出至外侧。

16

缠绕起点的缎带 b 也与缠绕终点
的一样，从主体最后一行短针的
根部将缎带 b 穿至外侧。

17

缎带 a、b 都已经拉出至外侧。分
别将两端的缎带打一个结。

18

用缎带 a 制作线环。

19

缎带 a 穿过缎带 b 的下方，再从
线环中穿过。

20

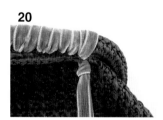

拉紧线环，注意不要扭转缎带。

21

缎带就缠绕完成了。

●手机斜挎包编织花样的钩织方法（鳄鱼针） *编织符号图参照p.68

第2行完成后，在立织的第3针锁针里引拔。紧接着在箭头所示位置钩织引拔针。

向前钩织完3针引拔针后的状态。

接着立织3针锁针。

针头挂线，如箭头所示在第2行的长针上整段挑针。

钩织长针。

参照符号图再钩织2针长针，然后翻转织片。

针头挂线，如箭头所示在第2行的长针上整段挑针。

钩织长针。

第3行的1个花样完成。

接着，跳过第2行的1个花样，如箭头所示插入钩针，钩织长针。

每次跳过第2行的1个花样钩织第3行的花样。

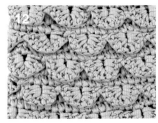
参照符号图继续钩织，注意起立针的位置。

●短针的圈圈针（ㄩ）的钩织方法和使起立针位置更加美观的钩织方法

短针行结束后，开始钩织短针的圈圈针。因为线圈出现在织片的后面，所以要看着反面钩织。

立织1针锁针后，翻至反面。

将2根手指放在编织线的上方，向下压。

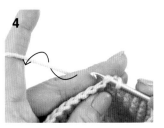
在第1针里插入钩针，如箭头所示从手指的上方挂线后拉出。

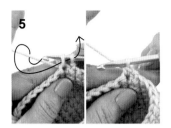

5 再次挂线后拉出。1针短针的圈圈针完成。

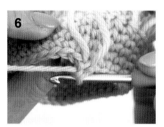

6 线圈出现在织片的后面（作品的正面）。

7 短针的圈圈针完成后，在编织起点的第1针里引拔。

8 为了便于确认引拔针，放入1个记号扣。

9 短针的圈圈针的下一行翻回正面钩织短针。立织1针锁针后再翻回正面，放入记号扣的引拔针里也要钩织短针。

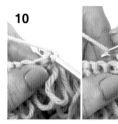

10 在记号扣位置插入钩针，钩织短针。

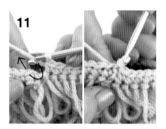

11 编织终点跳过最后1针，如箭头所示钩织引拔针。

12 起立针位置错开后，线圈呈连续重叠状态，不会出现缺口的情况。

● 拉链的安装方法

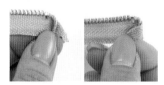

1 将拉链端头折叠45°，缝合固定。

2 缝好的状态（实际操作时，可使用不太显眼的颜色）。另一侧也用相同方法缝合固定。

3 将拉链和包口边缘对齐暂时固定。用缝纫定位夹固定比较方便。

4 从拉链下方的端头开始缝。从反面入针，在包口短针头部的下方出针。

5 用不太显眼的小针脚做回针缝。

6 从反面看到的状态。一点点仔细缝合。

7 另一侧也从拉链下方的端头开始做回针缝。

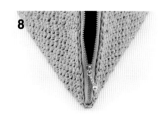

8 拉链就安装完成了。

关于线材

下面是本书作品使用线材一览。（图片为实物粗细）

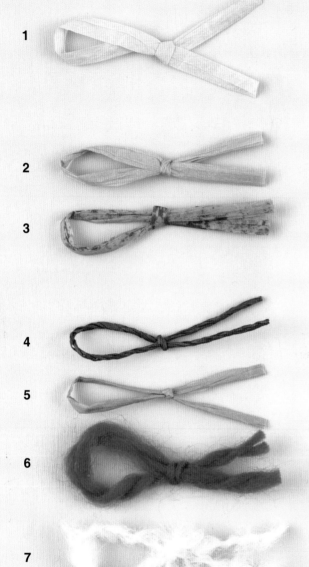

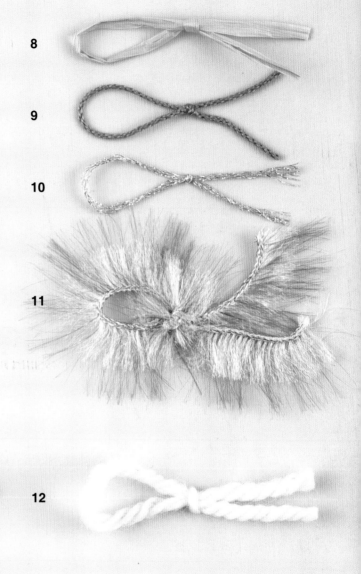

1 芭贝 Leafy
和纸100%　40g/团　170m

2 MARCHENART
Manila hemp yarn
植物纤维（马尼拉麻）100%
约20g/团　约50m

3 MARCHENART
Manila hemp yarn
（晕染）
植物纤维（马尼拉麻）100%
约20g/团　约50m

4 DARUMA SASAWASHI
竹和纸100%（已做防水处理）
25g/团　48m

5 DARUMA SASAWASHI FLAT
竹和纸100%（已做防水处理）
25g/团　78m

6 DARUMA Melange Slub
羊毛100%　40g/团　46m

7 DARUMA LOOP
羊毛83%、幼羊驼绒17%
30g/团　43m

8 和麻纳卡 eco-ANDARIA
人造丝100%　40g/团　约80m

9 和麻纳卡 Wash Cotton
棉64%、涤纶36%　40g/团
约102m

10 和麻纳卡 Emperor
人造丝100%（使用金属线）
25g/团　约170m

11 和麻纳卡 Lupo
人造丝65%、涤纶35%
40g/团　约38m

12 Ski毛线　Shelly纯羊毛
极粗
羊毛100%　约30g/团　约37m

制作方法

*编织图中表示长度的、未标注单位的数字均以厘米
（cm）为单位

*用线量在制作作品时仅供参考。编织时手的松紧度不
同，所需线量可能会有很大变化。为了保险起见，建
议多准备一些

*作品尺寸也会因为编织时的松紧度而变化。如果想完
成书中的尺寸，请根据指定密度改变针号进行调整
（成品偏小时需要加大针号，偏大时则需要减小针
号）

*书中使用的线材和颜色可能随时停产，敬请谅解

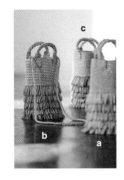

No.1 彩色流苏包

l

图片：p.06、07

材料和工具

a / MARCHENART Manila hemp yarn 麦秆色（507）
150g，淡黄绿色（531）40g

b / MARCHENART Manila hemp yarn 麦秆色（507）
150g，翠蓝色（530）40g

c / MARCHENART Manila hemp yarn 麦秆色（507）
150g，紫红色（529）40g

〈通用〉D 形环（20mm，金色）2 个，钩针 7/0 号

成品尺寸 直径 12cm，深 25cm（不含提手）

编织密度 10cm×10cm 面积内：短针 14.5 针，14.5 行

编织要点 全部使用 2 根线合股编织

●包底环形起针后，参照图示一边加针一边钩织 8 行短针
（参照包底的钩织方法）。

●主体从包底接着钩织 3 行短针、17 行编织花样、16 行
短针。

●提手钩织 4 针锁针起针，参照图示钩织 34 行短针。然后
参照图示，留出两端，中间做卷针缝合。

●将提手和 D 形环缝在主体的指定位置。

●钩织罗纹绳，将两端分别穿入 D 形环后打结固定。

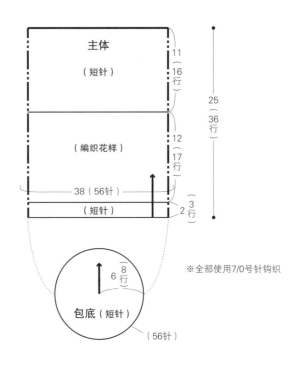

主体
（短针）

11
16 行

25
（36 行）

（编织花样）

12
17 行

38（56针）

（短针）

3
2 行

包底（短针）

6 8 行

（56针）

※全部使用7/0号针钩织

配色表

	a	b	c
包底、主体（短针）、提手、细绳	麦秆色，2根线	麦秆色，2根线	麦秆色，2根线
主体（编织花样）	麦秆色与淡黄绿色，2根线	麦秆色与翠蓝色，2根线	麦秆色与紫红色，2根线

细绳
（罗纹绳）

150（200针）

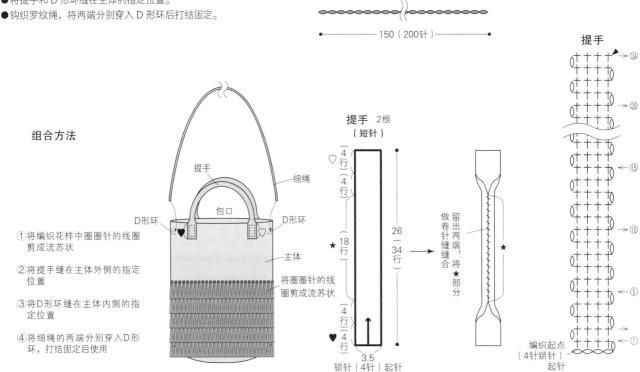

组合方法

①将编织花样中圈圈针的线圈
剪成流苏状

②将提手缝在主体外侧的指定
位置

③将 D 形环缝在主体内侧的指
定位置

④将细绳的两端分别穿入 D 形
环，打结固定后使用

提手
细绳
包口
D形环
D形环
主体
将圈圈针的线
圈剪成流苏状

提手 2根
（短针）

4 行
4 行
18 行
4 行
4 行

26
（34 行）

3.5
锁针（4针）起针

留出两端，做卷针缝合，将★部分

提手

34
30
15
10
5
1

编织起点
（4针锁针）
起针

50

主体

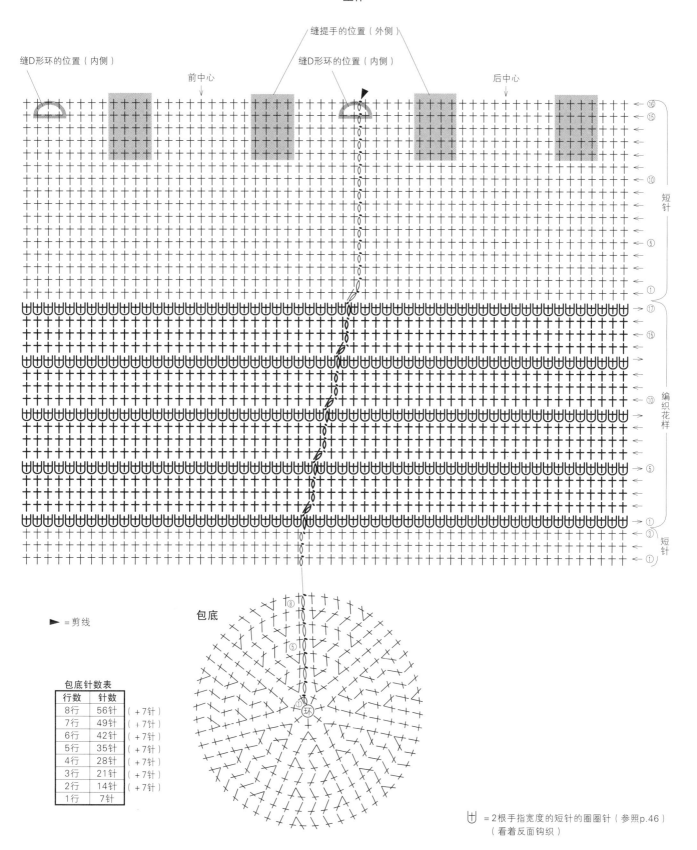

缝提手的位置（外侧）

缝D形环的位置（内侧）

缝D形环的位置（内侧）

前中心

后中心

短针

编织花样

短针

► = 剪线

包底

► = 2根手指宽度的短针的圈圈针（参照p.46）
（看着反面钩织）

包底针数表

行数	针数	
8行	56针	（ +7针）
7行	49针	（ +7针）
6行	42针	（ +7针）
5行	35针	（ +7针）
4行	28针	（ +7针）
3行	21针	（ +7针）
2行	14针	（ +7针）
1行	7针	

No.2 三角托特包

图片：p.08、09

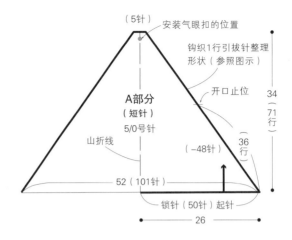

材料和工具

a / DARUMA SASAWASHI 深橄榄绿色（6）140g

b / DARUMA SASAWASHI 浅棕色（2）140g

〈通用〉气眼扣（内径 12mm，金色）2 个，带螺钉活口 D 形环（金色）的竹制提手（长 16cm）1 个，钩针 5/0 号、3/0 号、6/0 号

成品尺寸 宽 26cm，深 34cm

编织密度 10cm×10cm 面积内：短针 19.5 针，21 行；编织花样 23 针，15 行

编织要点

● A 部分用 6/0 号针钩织 50 针锁针起针，用 5/0 号针从锁针的半针和里山挑针钩织 51 针短针，接着在剩下的半针里挑取 50 针，一共钩织 101 针。参照图示，一边在两端减针一边钩织 71 行短针。再在边缘钩织 1 行引拔针整理形状。B 部分用 3/0 号针钩织 53 针锁针起针。从第 2 行开始换成 5/0 号针，一边在两端做加减针，一边参照图示按编织花样钩织 33 行。两端再用 3/0 号针钩织 1 行短针整理形状。

● 参照组合方法重叠，确定好位置后缝合。

● 安装气眼扣，再装上提手就完成了。

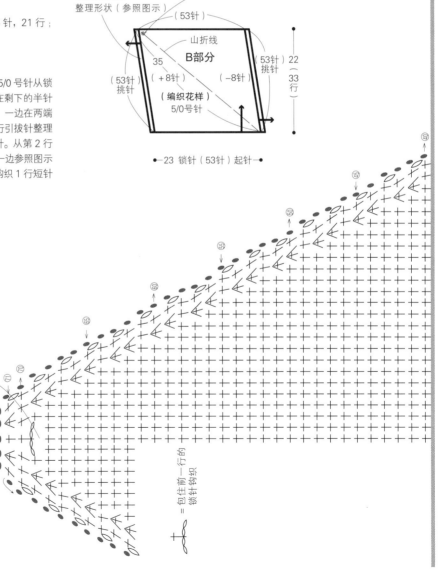

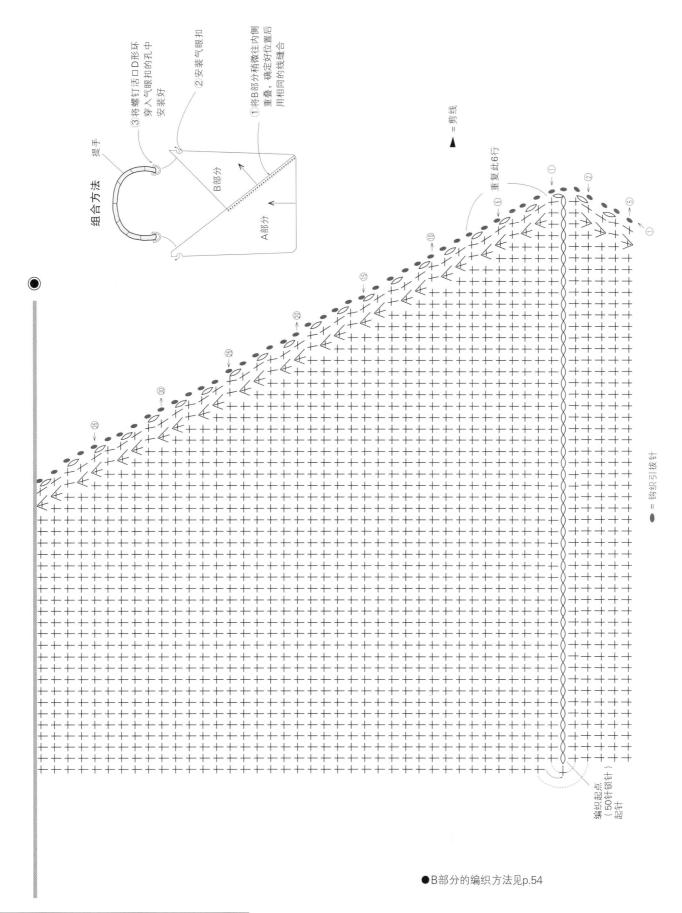

组合方法

提手

③将螺钉活口D形环穿入气眼扣的孔中安装好

②安装气眼扣

①将B部分稍微往内侧重叠，确定好位置后用相同的线缝合

B部分

A部分

▲ = 剪线

重复此6行

◯ = 钩织引拔针

编织起点
（50针锁针）
起针

●B部分的编织方法见p.54

●接p.53

B部分

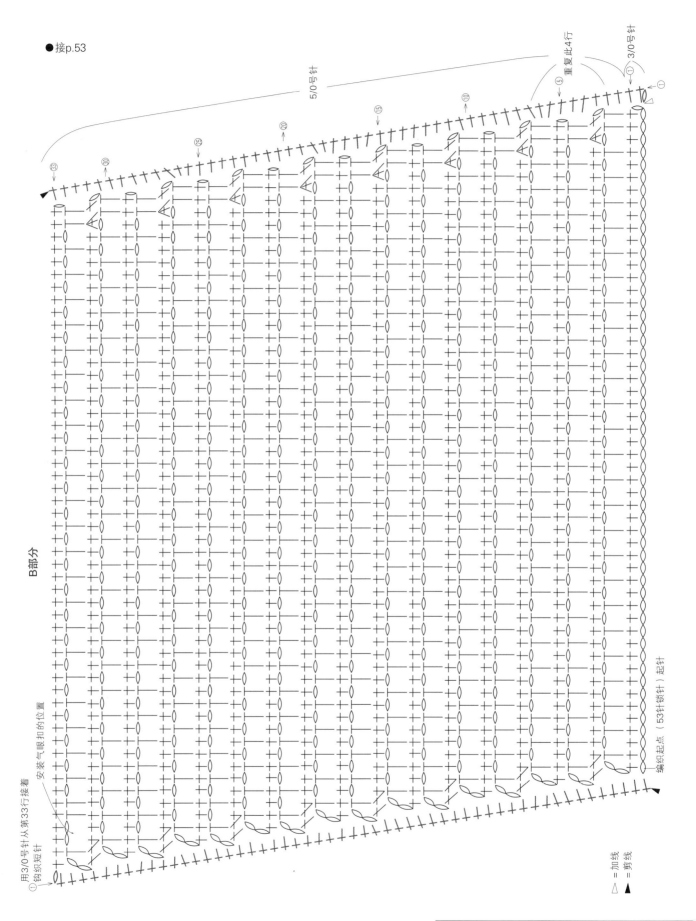

①用3/0号针从第33行接着
钩织短针

安装气眼扣的位置

5/0号针

重复此4行

3/0号针

编织起点（53针锁针）起针

△ ＝加线
▲ ＝剪线

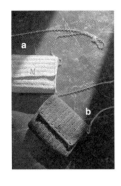

No.3 条纹针翻盖包

图片：p.10、11

材料和工具

a / DARUMA SASAWASHI FLAT 浅棕色（103）110g
b / DARUMA SASAWASHI FLAT 黑色（105）110g
〈通用〉D 形环（20mm，金色）2 个，角田商店 两端带挂扣的链条（120cm，金色）（K112G）1 根，磁扣 1 组，大写字母别针 1 个，钩针 6/0 号

成品尺寸 宽 21cm，深 15cm

编织密度 10cm×10cm 面积内：编织花样 19 针，9 行

编织要点 全部使用 2 根线合股编织

a
●侧片钩织 8 针锁针起针，参照图示按编织花样钩织 14 行。钩织 2 片相同的织片。
●主体钩织 38 针锁针起针，参照图示按编织花样钩织 45 行。接着将刚才钩织的侧片与主体对齐相同标记，在重叠的状态下钩织 1 行短针拼接在一起（包盖部分仅在主体上挑针钩织）。

b
●侧片钩织 27 针锁针起针，参照图示按编织花样钩织 4 行。在左端钩织 1 行短针。
●主体钩织 91 针锁针起针，参照图示按编织花样钩织 18 行。接着在指定位置加线，将刚才钩织的侧片与主体对齐相同标记，在重叠的状态下钩织 1 行短针拼接在一起（包盖部分仅在主体上挑针钩织）。

a、b 通用
●将磁扣和 D 形环缝在指定位置。再将链条的挂扣装在 D 形环上。
●将大写字母别针别在主体包盖正面的合适位置。

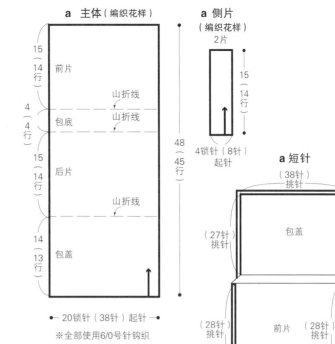

a 主体（编织花样）

15 / 14 行 前片
4 / 4 行 包底 山折线 山折线
15 / 14 行 后片
14 / 13 行 包盖 山折线

48（45 行）

● — 20 锁针（38 针）起针 →
※全部使用 6/0 号针钩织

a 侧片
（编织花样）
2 片
15（14 行）
4 锁针（8 针）起针

a 短针

（38 针）挑针　0.5 1 行（短针）
（27 针）挑针　包盖　（27 针）挑针
（28 针）挑针　前片　（28 针）挑针　侧片（8 针）挑针

组合方法

链条
D 形环
挂扣
M
大写字母别针　主体

①参照图示将磁扣缝在指定位置
②将 D 形环缝在侧片的指定位置
③将大写字母别针别在包盖正面的合适位置
④将链条的挂扣装在 D 形环上

b 主体（编织花样）

包盖　后片　包底　前片
山折线　山折线　山折线
20（18 行）
14（27 针）　15（28 针）　4（8 针）　15（28 针）
● — 48 锁针（91 针）起针 →

b 侧片
2 片
（短针）（编织花样）
（8 针）挑针　14.5　4（4 行）
0.5 锁针（27 针）起针　1 行　15

b 短针

（38 针）挑针　0.5 1 行（短针）
（27 针）挑针　包盖　（27 针）挑针
（38 针）挑针
（28 针）挑针　前片　（28 针）挑针　侧片（28 针）挑针
（8 针）挑针

●编织方法见 p.56

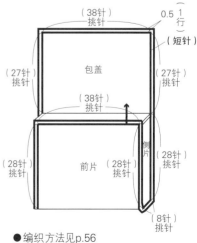

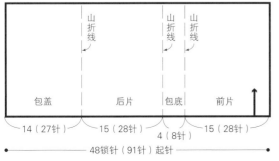

●接p.55

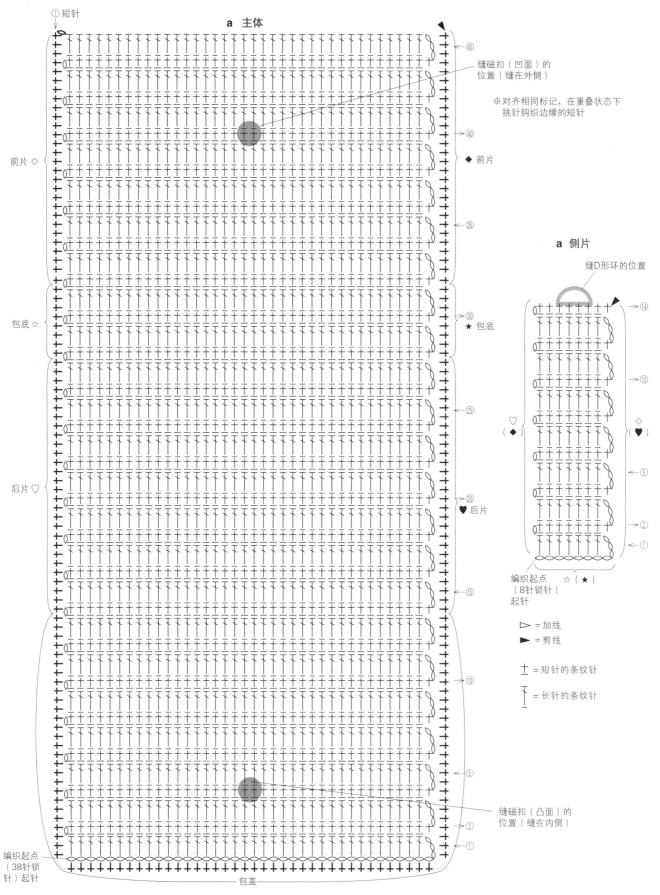

①短针

a 主体

缝磁扣（凹面）的
位置（缝在外侧）

※对齐相同标记，在重叠状态下
挑针钩织边缘的短针

◆ 前片

前片 ◇

45

40

35

a 侧片

缝D形环的位置

14

10

（◆）♡

♡（◇）

5

2

1

编织起点 ☆（★）
（8针锁针）
起针

▷ ＝加线

► ＝剪线

工 ＝短针的条纹针

Ŧ ＝长针的条纹针

包底 ☆

★ 包底

30

25

后片 ♡

♥ 后片

20

15

10

5

缝磁扣（凸面）的
位置（缝在内侧）

2

1

编织起点
（38针锁
针）起针

包盖

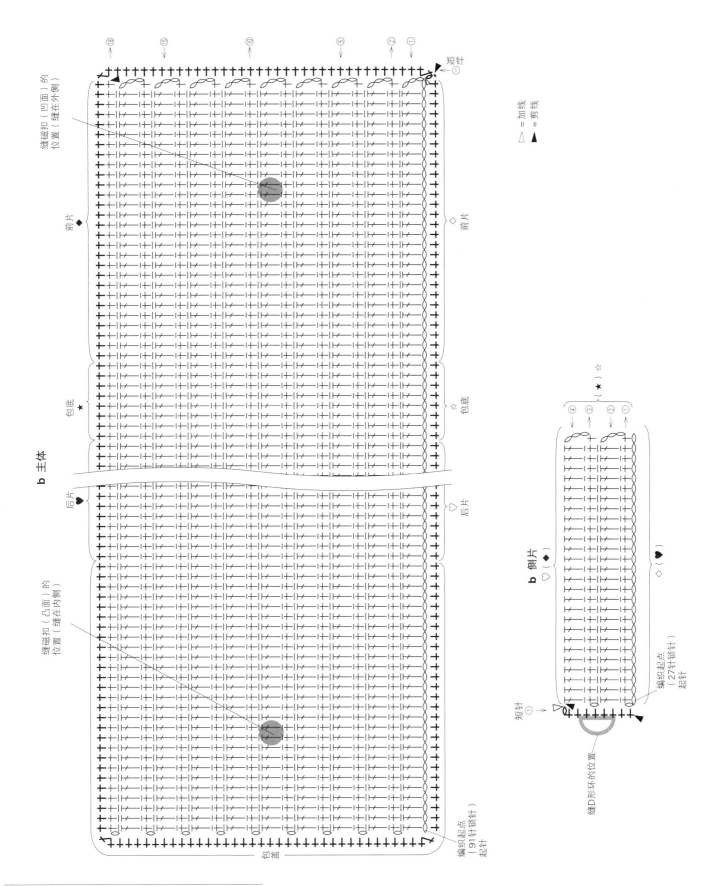

b 主体

缝磁扣（凹面）的
位置（缝在外侧）

前片 ◆

包底 ★

后片 ♥

缝磁扣（凸面）的
位置（缝在内侧）

前片 ◇

包底 ☆

后片 ♡

短针①

△ = 加线
▲ = 剪线

编织起点
（91针锁针）
起针

包盖

b 侧片

缝D形环的位置

短针①

编织起点
（27针锁针）
起针

◆ ◇ ♥ ♡ ★ ☆

№.4 二合一子母包

图片：p.12、13

材料和工具

a / DARUMA SASAWASHI 浅棕色（2）260g，宽 10mm 的皮革绳（黑色）140cm

b / DARUMA SASAWASHI 墨黑色（17）260g，角田商店 两端带挂扣的链条（120cm，金色）（K112G）1 根

〈通用〉气眼扣（内径 12mm，金色）10 个，和麻纳卡 皮革 包底（圆形，直径 16cm，48 孔）（H204-596-2）1 片，直 径 3mm 的皮革绳（黑色）90cm，D 形环（20mm，金色） 4 个，装饰纽扣 1 颗，钩针 8/0 号、4/0 号、5/0 号

成品尺寸 水桶包：直径 16cm，深 15cm
束口包：直径 15cm，深 22cm

编织密度 10cm×10cm 面积内：编织花样（爆米花针部分） 4 个花样，5 行（8/0 号针）；短针 19 针，19.5 行（4/0 号针）

编织要点 水桶包和束口包的绳扣用 2 根线合股编织，束口 包除绳扣外用 1 根线编织

水桶包

●主体从皮革包底上挑针，第 1 行钩织 48 针短针。接着参照 图示按编织花样钩织至第 8 行，第 9 行钩织短针。

●将 D 形环缝在指定位置。**a** 是将皮革绳穿入 D 形环后打结 固定。**b** 是将链条的挂扣装在 D 形环上。

束口包

●包底环形起针后，参照图示一边加针一边钩织 13 行短针（包 底的钩织方法参照 p.60）。

●主体是从包底接着钩织 43 行短针。

●绳扣钩织 12 针锁针起针后连接成环形，接着钩织 3 行短针。

●在指定位置安装气眼扣，穿入皮革绳，参照组合方法进行组 合。

●将束口包放入水桶包中使用。

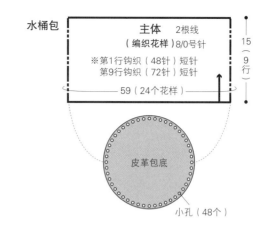

水桶包

主体 2根线
（编织花样）8/0号针
※第1行钩织（48针）短针
第9行钩织（72针）短针
59（24个花样）
15（9行）

皮革包底

小孔（48个）

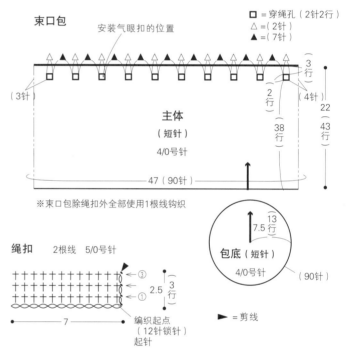

束口包

安装气眼扣的位置

□ = 穿绳孔（2针2行）
△ = （2针）
▲ = （7针）

（3针）
3行
（4针）
2行
38行
22
43

主体
（短针）
4/0号针

47（90针）

※束口包除绳扣外全部使用1根线钩织

绳扣 2根线 5/0号针

③
②
①
2.5（3行）
7
编织起点（12针锁针）起针

包底（短针）
4/0号针
13行
7.5
（90针）

► = 剪线

束口包的组合方法

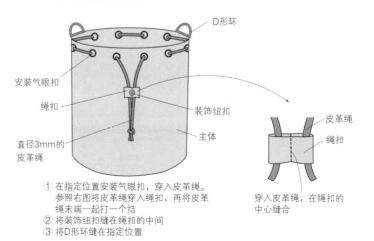

D形环
安装气眼扣
绳扣
装饰纽扣
直径3mm的皮革绳
主体
皮革绳
绳扣
穿入皮革绳，在绳扣的中心缝合

① 在指定位置安装气眼扣，穿入皮革绳。 参照右图将皮革绳穿入绳扣，再将皮革 绳末端一起打一个结
② 将装饰纽扣缝在绳扣的中间
③ 将D形环缝在指定位置

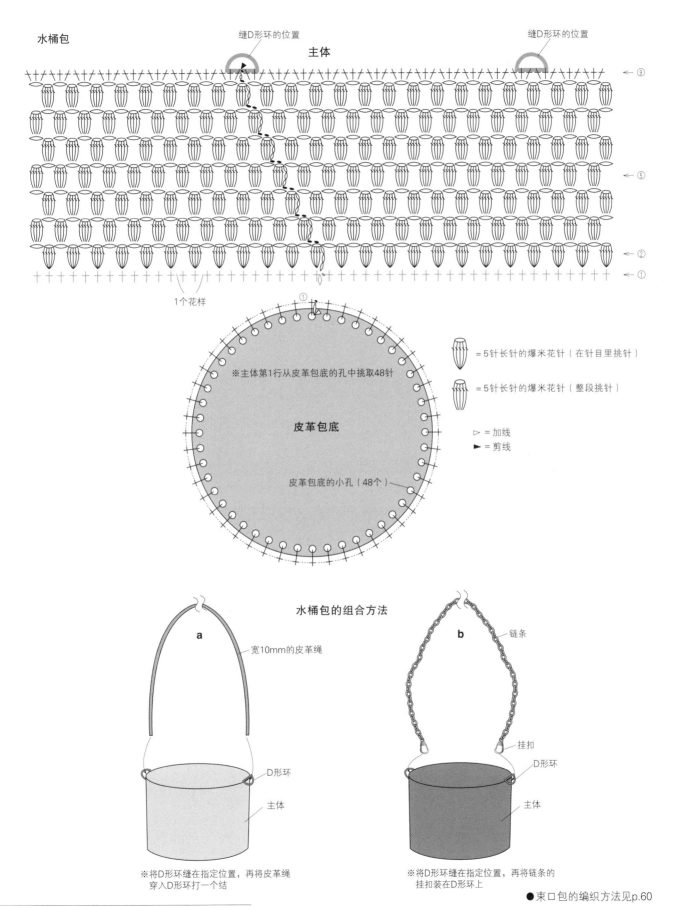

水桶包

缝D形环的位置

主体

缝D形环的位置

← ⑨

← ⑤

← ②

← ①

1个花样

※主体第1行从皮革包底的孔中挑取48针

皮革包底

皮革包底的小孔（48个）

= 5针长针的爆米花针（在针目里挑针）

= 5针长针的爆米花针（整段挑针）

▷ = 加线

► = 剪线

水桶包的组合方法

a

宽10mm的皮革绳

D形环

主体

※将D形环缝在指定位置，再将皮革绳
穿入D形环打一个结

b

链条

挂扣

D形环

主体

※将D形环缝在指定位置，再将链条的
挂扣装在D形环上

●束口包的编织方法见p.60

● 接p.59

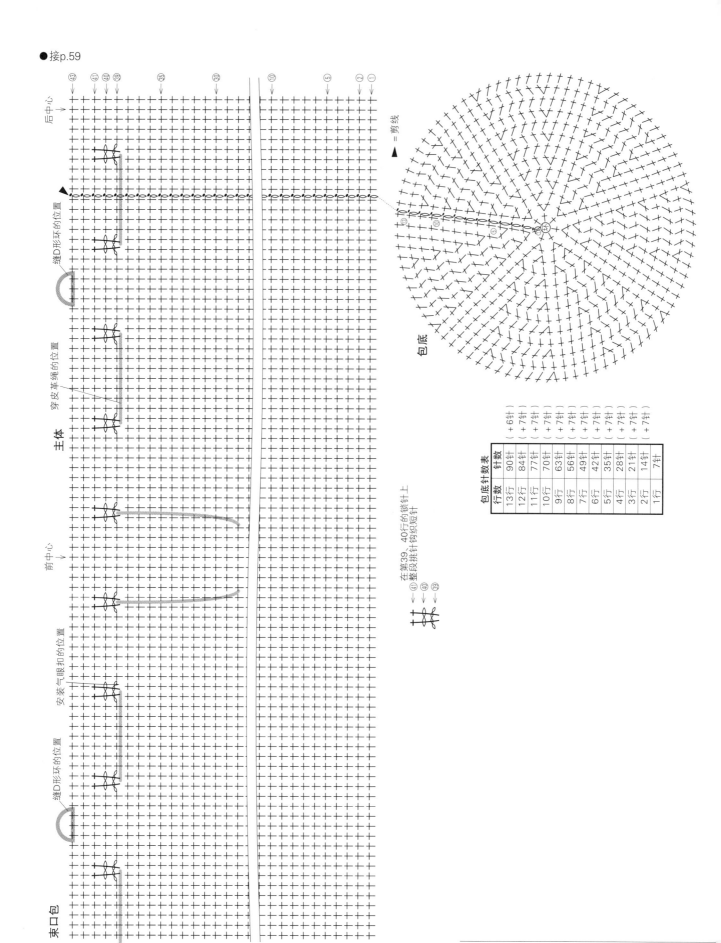

后中心

缝D形环的位置

穿皮革绳的位置

主体

前中心

安装气眼扣的位置

缝D形环的位置

束口包

▲ = 剪线

包底

在第39、40行的锁针上
整段挑针钩织短针
41 40 39

包底针数表

行数	针数	
13行	90针	(+6针)
12行	84针	(+7针)
11行	77针	(+7针)
10行	70针	(+7针)
9行	63针	(+7针)
8行	56针	(+7针)
7行	49针	(+7针)
6行	42针	(+7针)
5行	35针	(+7针)
4行	28针	(+7针)
3行	21针	(+7针)
2行	14针	(+7针)
1行	7针	

No.8 星形束口包（大号）

图片：p.18、19

材料和工具

和麻纳卡 eco–ANDARIA 银色（174）235g、黑色（30）120g，包包专用底板（20cm×20cm，黑色），气眼扣（内径 12mm，银色）10 个，D 形环（18mm，银色）2 个，弹簧挂扣（30mm，银色）2 个，皮革绳（直径 3mm，黑色）90cm，钩针 7/0 号

成品尺寸 宽22cm，深24.5cm

编织密度 10cm×10cm 面积内：短针 16 针，15 行

编织要点 除指定以外均用 2 根线合股编织

● 包底钩织 2 片。环形起针后，参照图示一边加针一边钩织 12 行短针（包底的钩织方法参照 p.62）。

● 将底板剪成星形夹在 2 片包底之间，钩织主体时，从 2 层重叠的织片上挑针，钩织 37 行短针。

● 提手参照图示钩织 2 片，组合在一起。

● 绳扣钩织 10 针锁针起针后连接成环形，接着钩织 3 行短针。

● 参照组合方法，将各部分组合在一起。

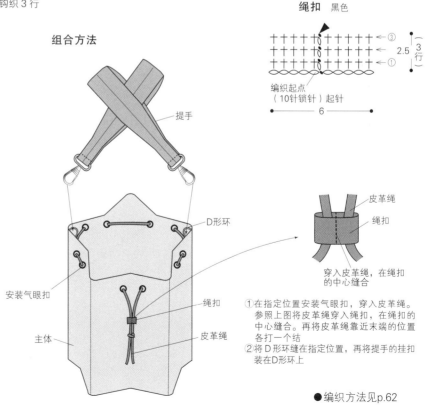

□ = 穿绳孔（2针1行）
△ =（5针）
▲ =（15针）

安装气眼扣的位置

主体 银色（短针）

（3针） （2针）
4 行
24.5
37 行
32 行
75（120针）

※全部使用7/0号针钩织

包底（短针） 黑色 2片
12 行
（120针）
18.5

19.5

提手 黑色 2片

锁针（65针）起针
（65针）挑针
3 行
4.5
3 行
43

组合方法

提手

D形环

安装气眼扣

主体

绳扣

皮革绳

绳扣 黑色

编织起点（10针锁针）起针
2.5
3 行
6

皮革绳
绳扣

穿入皮革绳，在绳扣的中心缝合

①在指定位置安装气眼扣，穿入皮革绳。参照上图将皮革绳穿入绳扣，在绳扣的中心缝合。再将皮革绳靠近末端的位置各打一个结

②将 D 形环缝在指定位置，再将提手的挂扣装在 D 形环上

●编织方法见p.62

61

● 接p.61

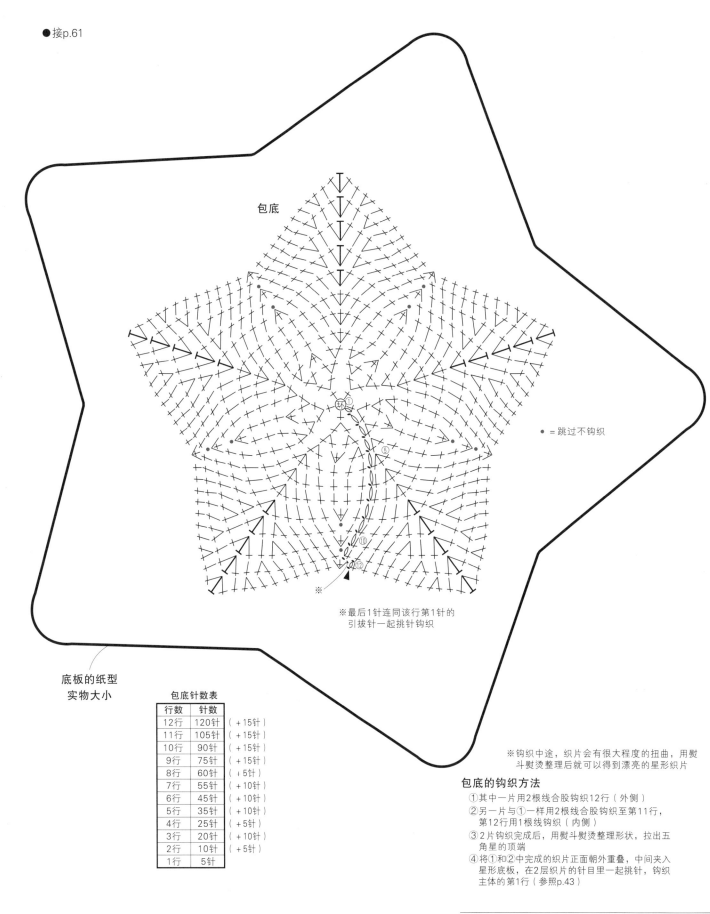

包底

● = 跳过不钩织

底板的纸型
实物大小

※最后1针连同该行第1针的
引拔针一起挑针钩织

包底针数表

行数	针数	
12行	120针	(+15针)
11行	105针	(+15针)
10行	90针	(+15针)
9行	75针	(+15针)
8行	60针	(+5针)
7行	55针	(+10针)
6行	45针	(+10针)
5行	35针	(+10针)
4行	25针	(+5针)
3行	20针	(+10针)
2行	10针	(+5针)
1行	5针	

※钩织中途，织片会有很大程度的扭曲，用熨
斗熨烫整理后就可以得到漂亮的星形织片

包底的钩织方法

①其中一片用2根线合股钩织12行（外侧）
②另一片与①一样用2根线合股钩织至第11行，
第12行用1根线钩织（内侧）
③2片钩织完成后，用熨斗熨烫整理形状，拉出五
角星的顶端
④将①和②中完成的织片正面朝外重叠，中间夹入
星形底板，在2层织片的针目里一起挑针，钩织
主体的第1行（参照p.43）

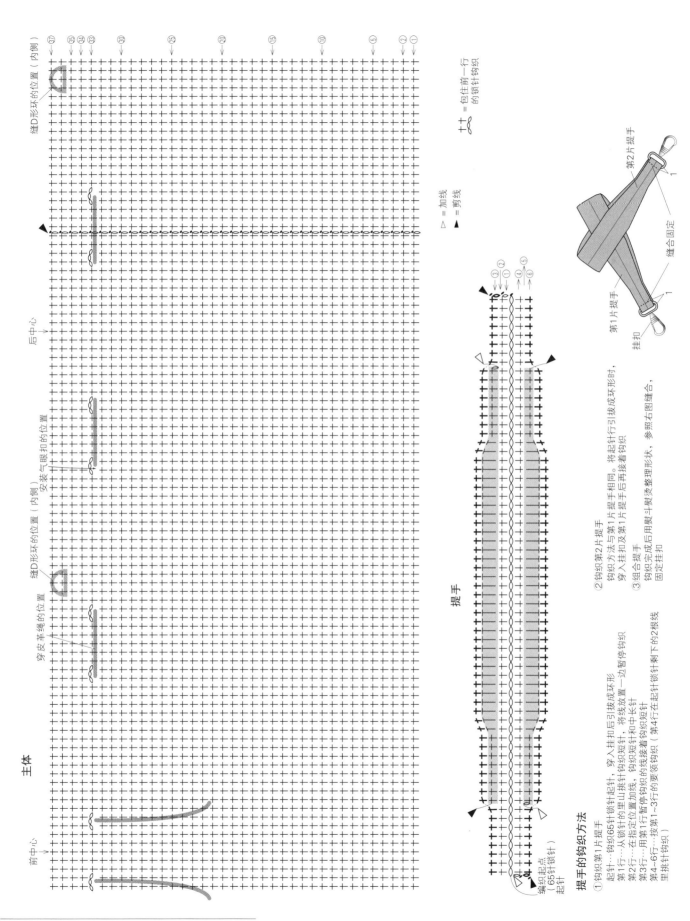

缝D形环的位置（内侧）

主体

前中心

后中心

安装气眼扣的位置

缝D形环的位置（内侧）

穿皮革绳的位置

编织起点（65针锁针）起针

▷ = 加线
▲ = 剪线

⊹ = 包住前一行的锁针钩织

提手

第1片提手

第2片提手

提手的钩织方法

①钩织第1片提手
起针…钩织65针锁针起针，穿入挂扣后引拔成环形
第1行…从锁针的里山挑针钩织短针，将线放置一边暂停钩织
第2行…在指定位置加线，钩织短针和中长针
第3行…用第1行暂停钩织的线接着钩织短针
第4~6行…按第1~3行的要领钩织（第4行在起针锁针剩下的2根线里挑针钩织）

②钩织第2片提手
钩织方法与第1片提手相同。将起针行引拔接成环形时，穿入挂扣及第1片提手后引拔接成环形，穿入挂扣后再接着钩织

③组合提手
钩织完成后用熨斗熨烫整理形状，参照右图缝合，固定挂扣

第1片提手

第2片提手

缝合固定

挂扣

63

No.9 星形束口包（小号）

图片：p.18、19

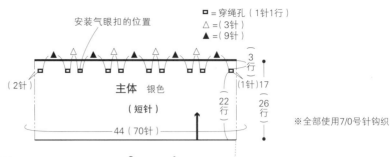

□ =穿绳孔（1针1行）
△ =（3针）
▲ =（9针）

安装气眼扣的位置

主体　银色
（短针）

（2针）　　44（70针）　　（1针）17
　　　　　　　　　　　　　　3行
　　　　　　　　　　　　22行　26行

※全部使用7/0号针钩织

材料和工具
和麻纳卡 eco-ANDARIA 银色（174）100g、黑色（30）45g，气眼扣（内径8.5mm，银色）10个，D形环（15mm，银色）2个，弹簧挂扣（21mm，银色）2个，皮革绳（直径3mm，黑色）65cm，角田商店 两端带挂扣的链条（120cm，银色）（K112N）1根，钩针7/0号

成品尺寸　宽15cm，深17cm

编织密度　10cm×10cm 面积内：短针16针，15行

编织要点　使用2根线合股编织
●包底环形起针后，参照图示一边加针一边钩织8行短针（包底的钩织方法参照p.65）。
●钩织主体时，从包底挑针，钩织26行短针。
●钩织提手时，在编织起点留出5m长的线头，钩织1针锁针起针，按短针的编织花样一边做加减针一边钩织38行。接着在周围钩织1行边缘编织。
●钩织绳扣时，钩织8针锁针起针后连接成环形，接着钩织2行短针。
●参照组合方法，将各部分组合在一起。

包底
（短针）
黑色
（70针）
8行
12.5
13

► =剪线

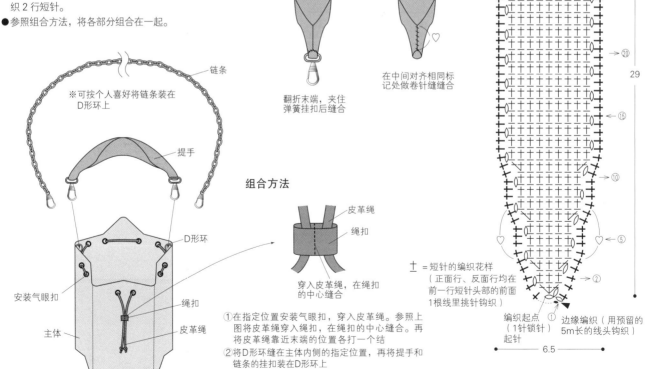

弹簧挂扣

提手的组合方法

翻折末端，夹住弹簧挂扣后缝合

在中间对齐相同标记处做卷针缝缝合

提手
（短针的编织花样）
黑色

边缘编织

29
6.5

十 =短针的编织花样
（正面行、反面行均在前一行短针头部的前面1根线里挑针钩织）

编织起点
（1针锁针）
起针

边缘编织（用预留的5m长的线头钩织）

链条

※可按个人喜好将链条装在D形环上

提手

组合方法

D形环

安装气眼扣

主体

绳扣

皮革绳

皮革绳

绳扣

穿入皮革绳，在绳扣的中心缝合

①在指定位置安装气眼扣，穿入皮革绳。参照上图将皮革绳穿入绳扣，在绳扣的中心缝合。再将皮革绳靠近末端的位置各打一个结
②将D形环缝在主体内侧的指定位置，再将提手和链条的挂扣装在D形环上

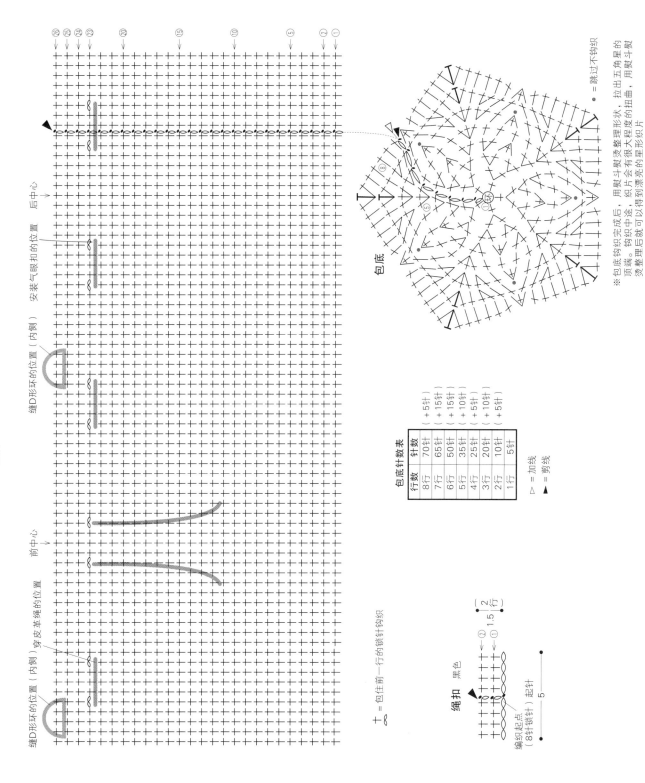

主体

缝D形环的位置（内侧）穿皮革绳的位置

前中心

后中心

安装气眼扣的位置

缝D形环的位置（内侧）

㉖㉕㉔㉓　　㉒　　　⑮　　　⑩　　　⑤　㉒①

＋ ＝ 包住前一行的锁针钩织

∞

绳扣　黑色

编织起点
（8针锁针）起针

编织起点
（8针锁针）起针

5

1.5
｛2
行｝

① ②

● ＝ 跳过不钩织

包底

包底针数表

行数	针数	
8行	70针	（＋5针）
7行	65针	（＋15针）
6行	50针	（＋15针）
5行	35针	（＋10针）
4行	25针	（＋5针）
3行	20针	（＋10针）
2行	10针	（＋5针）
1行	5针	

▷ ＝ 加线
▲ ＝ 剪线

※包底钩织完成后，用熨斗熨整理形状，拉出五角星的
顶端。钩织中途，织片会有很大程度的扭曲，用熨斗熨
烫整理后就可以得到漂亮的星形织片

No.5、6　褶边束口包

图片：p.14、15

材料和工具

5 / 芭贝 Leafy 自然色（761）265g，和麻纳卡 Wash Cotton 米色（3）少量（用于缝合褶边饰带），装饰纽扣 1 颗

6 / 芭贝 Leafy 自然色（761）150g、橄榄绿色（765）65g，和麻纳卡 Wash Cotton 绿色（40）少量（用于缝合褶边饰带）

〈通用〉气眼扣（内径 8.5mm，金色）12 个，孔径 4mm 的双孔绳扣（金色）2 个，直径 3mm 的皮革绳（米色）200cm（等分为 2 根），钩针 3/0 号、4/0 号、5/0 号

成品尺寸　宽 25cm，深 31cm

编织密度　10cm×10cm 面积内：短针 21.5 针，21 行（4/0 号针）

编织要点　主体用 2 根线合股编织，褶边饰带用 1 根线编织

●主体用 5/0 号针钩织 53 针锁针起针。接着换成 4/0 号针从锁针的半针和里山挑取 54 针，再从剩下的半针里挑取 54 针，一共是 108 针，参照图示环形钩织 65 行短针。

●褶边饰带用 4/0 号针钩织 288 针锁针起针。接着换成 3/0 号针钩织 22 行短针。参照图示在织片的中间做平针缝和拉线抽褶。

●在指定位置安装气眼扣，穿入皮革绳。再将皮革绳末端穿入绳扣的孔中，打一个结。

●将缩缝后的褶边饰带的反面沿中线缝在指定位置。

●仅作品 5 将装饰纽扣缝在指定位置。

褶边饰带

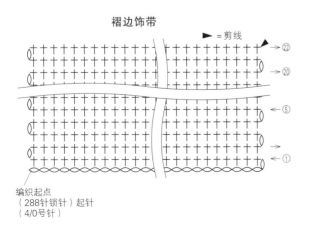

编织起点
（288 针锁针）起针
（4/0 号针）

▶ =剪线

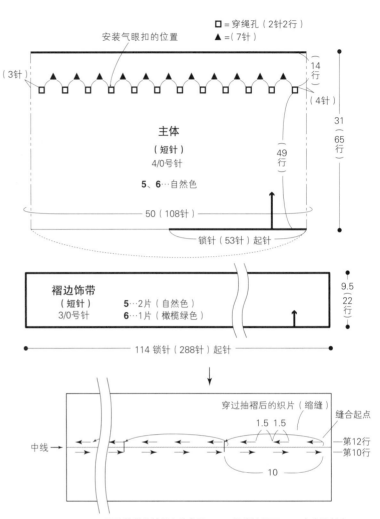

□ = 穿绳孔（2针2行）
▲ =（7针）

安装气眼扣的位置

（3针）

（14行）

（4针）

主体

（短针）

4/0号针

5、6…自然色

49

31（65行）

50（108针）

锁针（53针）起针

褶边饰带
（短针）
3/0号针

5…2片（自然色）
6…1片（橄榄绿色）

9.5（22行）

114 锁针（288针）起针

穿过抽褶后的织片（缩缝）

1.5　1.5

缝合起点

中线 →

第12行
第10行

10

※褶边饰带的抽褶方法参照p.43，拉线抽褶至25cm左右的长度

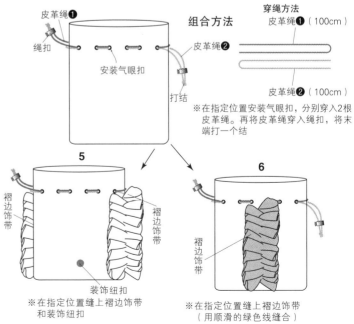

皮革绳❶

绳扣

安装气眼扣

皮革绳❷

打结

组合方法

穿绳方法

皮革绳❶（100cm）

皮革绳❷（100cm）

※在指定位置安装气眼扣，分别穿入 2 根皮革绳。再将皮革绳穿入绳扣，将末端打一个结

5

褶边饰带

褶边饰带

装饰纽扣

※在指定位置缝上褶边饰带和装饰纽扣

6

褶边饰带

※在指定位置缝上褶边饰带（用顺滑的绿色线缝合）

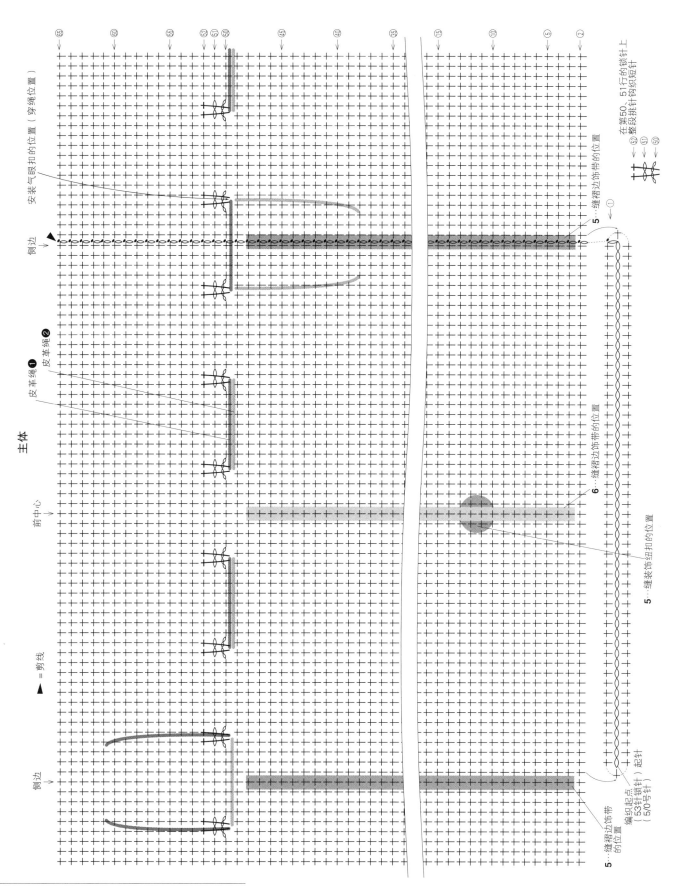

主体

侧边

皮革绳❶

皮革绳❷

前中心

侧边

安装气眼扣的位置（穿绳位置）

▲ = 剪线

⑤⑥⑤⑤⑤⑤

5…缝裙边饰带的位置

6…缝裙边饰带的位置

5…缝装饰纽扣的位置

5…缝裙边饰带的位置

编织起点（53针锁针）起针
（5/0号针）

在第50、51行的锁针上
整段挑针钩织短针
←⑤⑤
←⑤⑥
←⑤⑥
←①

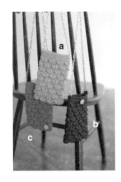

No.7 手机斜挎包
|

图片：p.16、17

材料和工具

a / MARCHENART Manila hemp yarn 麦秆色（507）50g
b / MARCHENART Manila hemp yarn 黑色（510）50g
c / MARCHENART Manila hemp yarn 紫红色（529）50g
〈通用〉角田商店 两端带挂扣的链条（120cm，金色）
（K112G）1根，D形环（10mm，金色）2个，装饰纽扣
1颗，钩针5/0号

成品尺寸　宽11cm，深18cm

编织密度　10cm×10cm面积内：编织花样22针，17行

编织要点

● 主体钩织24针锁针起针，从锁针的半针和里山挑取24
　针，接着再从剩下的半针里挑取24针，参照图示按编织
　花样环形钩织27行，再钩织4行短针。
● 将D形环缝在外侧的指定位置。
● 将装饰纽扣缝在外侧喜欢的位置。

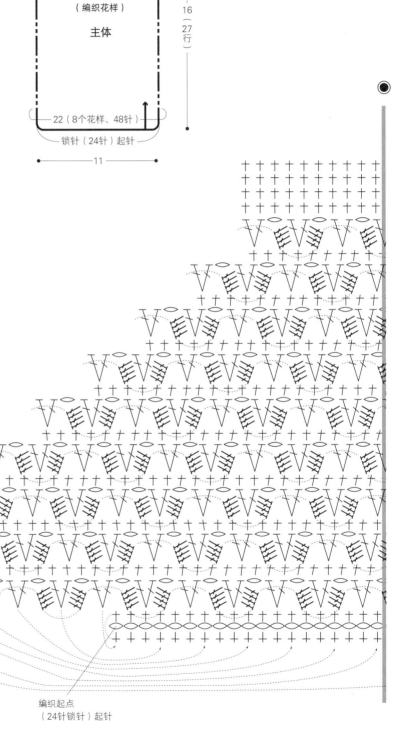

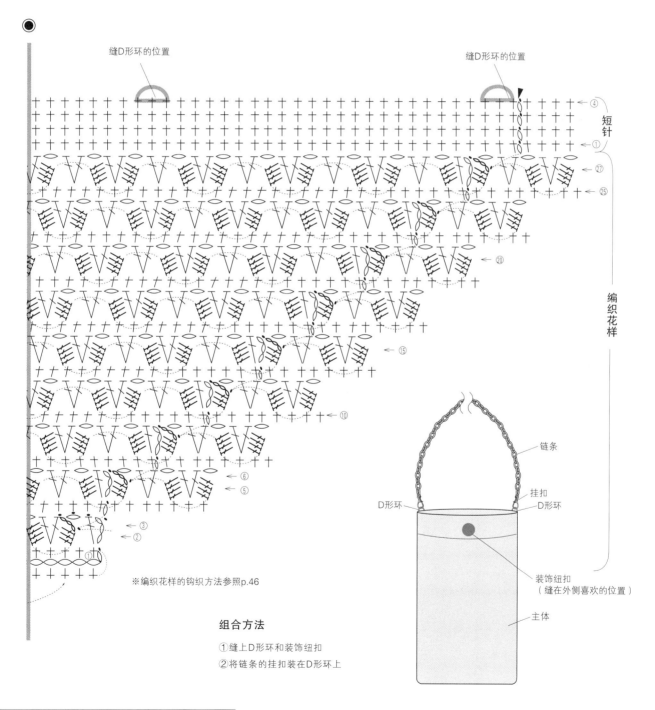

▶ = 剪线

缝D形环的位置

缝D形环的位置

短针

编织花样

※编织花样的钩织方法参照p.46

组合方法
①缝上D形环和装饰纽扣
②将链条的挂扣装在D形环上

链条

挂扣

D形环　　　　　D形环

装饰纽扣
（缝在外侧喜欢的位置）

主体

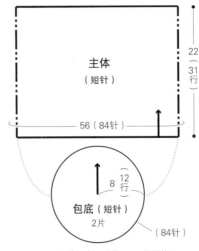

No.10 水桶包

图片：p.20、21

主体
（短针）

22（31行）

56（84针）

包底（短针）
2片

8（12行）

（84针）

※除指定以外均用6/0号针钩织

口袋和包盖的组合方法

磁扣（凸面）

包盖（反面）

口袋（正面）

折线

① 将口袋（♡）部分正面朝外对折，在两侧往返做平针缝缝合
② 缝在主体的指定位置
③ 将磁扣（凸面）缝在正面指定位置

材料和工具
a / 芭贝 Leafy 自然色（761）250g
b / MARCHENART Manila hemp yarn（晕染）黄褐色（542）270g
〈通用〉带螺钉活口 D 形环（金色）的竹制提手（宽 21cm）1 个，原创包链（金色）55cm，直径 16cm 的底板，D 形环（20mm，金色）2 个，原创弹簧圆扣（直径 43mm）2 个，磁扣（古金色）1 组，装饰纽扣 1 颗，钩针 6/0 号、7/0 号

成品尺寸 宽 16cm，深 22cm（不含提手）

编织密度 10cm×10cm 面积内：短针 15 针，14.5 行

编织要点 除指定以外，**a** 用 3 根线、**b** 用 2 根线合股编织
● 包底钩织 2 片。环形起针后，参照图示一边加针一边钩织 12 行短针（包底的钩织方法参照 p.71）。
● 将底板夹在 2 片包底之间，主体从 2 层重叠的织片上挑针，钩织 31 行短针。
● 口袋和包盖用 7/0 号针钩织 62 针锁针起针，接着换成 6/0 号针钩织 15 行短针。再在两端钩织 1 行短针。参照图示制作口袋部分。
● 包带用 7/0 号针钩织 90 针锁针起针，接着换成 6/0 号针钩织 3 行短针。
● 挂襻用 7/0 号针钩织 12 针锁针起针，接着换成 6/0 号针钩织 3 行短针。
● 参照组合方法，将各部分组合在一起。

口袋和包盖（短针）

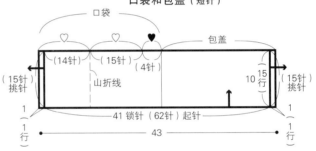

口袋
包盖

（14针）（15针）（4针）

（15行）挑针

山折线

10（15行）

（15行）挑针

1

41锁针（62针）起针

1行

1

43

1行

组合方法
① 将口袋和包盖的♥部分缝在主体的指定位置（注意针脚不要露到正面）
② 将磁扣和装饰纽扣缝在指定位置
③ 将挂襻上穿入D形环后对折，夹住主体缝在主体的指定位置
④ 将提手的金属配件装在D形环上
⑤ 将包带的两端穿入弹簧圆扣，在4cm处翻折后缝合。再将包链的两端穿入弹簧圆扣
⑥ 将⑤中的弹簧圆扣装在提手的金属配件上

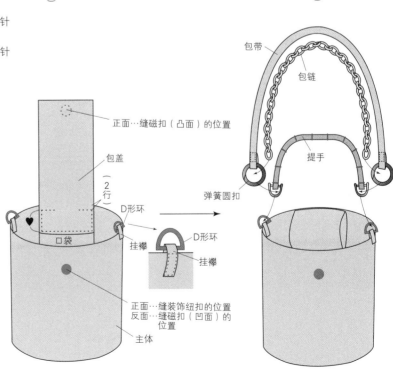

正面…缝磁扣（凸面）的位置

包盖

（2行）

口袋

D形环

挂襻

D形环

挂襻

正面…缝装饰纽扣的位置
反面…缝磁扣（凹面）的位置

主体

包带

包链

提手

弹簧圆扣

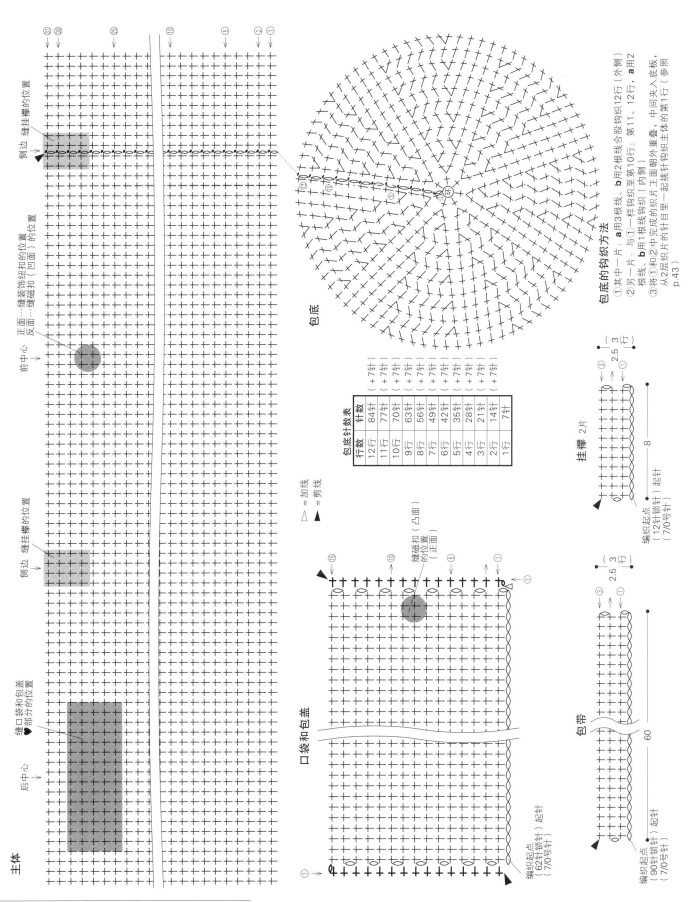

主体

后中心

前中心

正面…缝装饰纽扣的位置
反面…缝磁扣（凹面）的位置

侧边　缝挂襻的位置

侧边　缝挂襻的位置

缝口袋和包盖
❤部分的位置

包底

包底针数表

行数	针数	
12行	84针	（+7针）
11行	77针	（+7针）
10行	70针	（+7针）
9行	63针	（+7针）
8行	56针	（+7针）
7行	49针	（+7针）
6行	42针	（+7针）
5行	35针	（+7针）
4行	28针	（+7针）
3行	21针	（+7针）
2行	14针	（+7针）
1行	7针	

△ = 加线
▲ = 剪线

口袋和包盖

缝磁扣（凸面）
的位置（正面）

编织起点（起针）
（62针锁针）（7/0号针）

包底的钩织方法

①其中一片：a用3根线，b用2根线合股钩织12行（外侧）
②另一片：与①一样钩织至第10行，第11、12行，a用2
根线，b用1根线钩织（内侧）
③将①和②中完成的钩织片正面朝外重叠，中间夹入底板，
从2层织片的针目里一起挑针钩织主体的第1行（参照
p.43）

挂襻 2片

编织起点
（12针锁针）
（7/0号针）

包带

编织起点（起针）
（90针锁针）
（7/0号针）

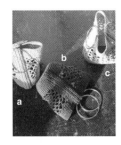

No.11 镂空手拎包
|
图片：p.22、23

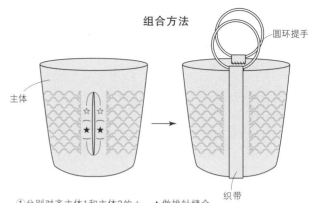

组合方法

圆环提手

主体

织带

①分别对齐主体1和主体2的☆、★做挑针缝合
②用回针缝的方法将织带缝在主体的指定位置。
　再用织带夹住圆环提手，缝在主体的内侧

材料和工具
a / 和麻纳卡 eco-ANDARIA 灰粉色（54）190g
b / 和麻纳卡 eco-ANDARIA 藏青色（57）190g
c / 和麻纳卡 eco-ANDARIA 灰色（148）190g
〈通用〉和麻纳卡 皮革包底（椭圆形，10cm×20cm，42孔）
（H204・627）1片，MARCHENART 圆环提手（外径 10cm，
金色）（G1111）1组，钩针 7/0 号

成品尺寸 宽 20~27cm，深 22.5cm（不含提手）

编织密度 10cm×10cm 面积内：短针 15.5 针，15.5 行

编织要点 全部使用 2 根线合股编织
●主体参照图示，从包底挑取 84 针，环形钩织 10 行短针。
　从指定行开始分成 2 部分，按短针和编织花样往返钩织
　19 行。接着环形钩织 6 行短针。
●织带钩织 40 针锁针起针，接着钩织 5 行短针。
●参照组合方法进行组合。

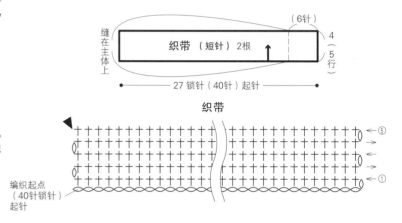

缝在主体上

织带（短针）2根

（6针）

4（5行）

27 锁针（40针）起针

织带

编织起点
（40针锁针）
起针

⑤

①

主体

（短针）

4（6行）

★

主体2
（编织花样）

短针☆

短针☆

主体1
（编织花样）

短针

12（19行）

3（5针）

3（5针）

3（5针）

3（5针）

27（42针）挑针

21（32针）

21（32针）

22.5（35行）

（短针）

6.5（10行）

54（84针）挑针

※全部使用7/0号针钩织

皮革包底

小孔（42个）

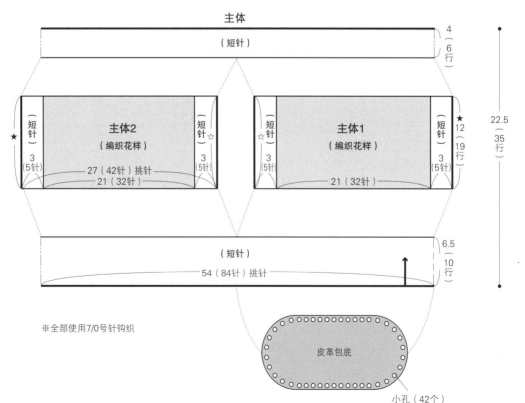

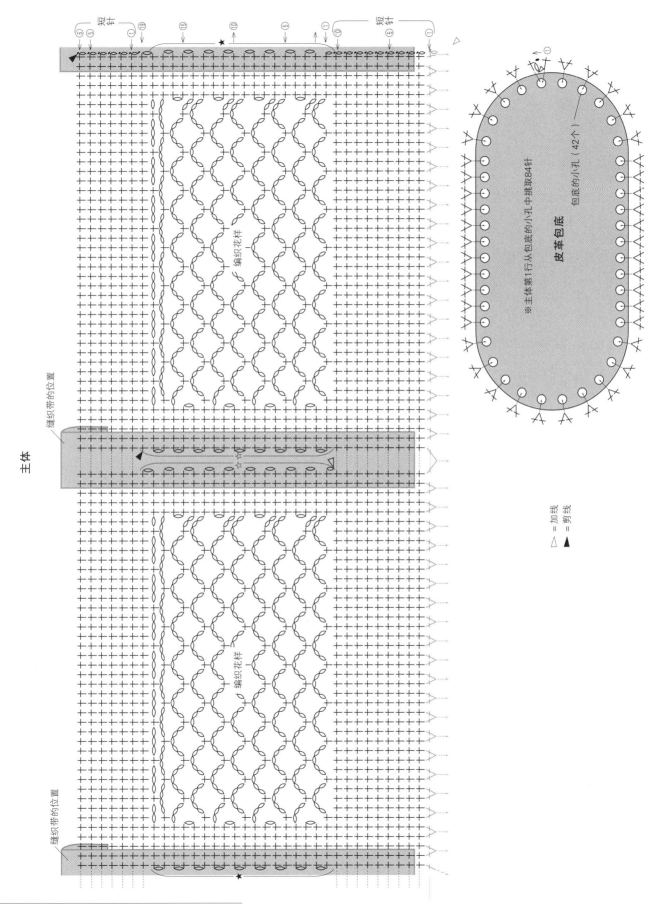

主体

缝织带的位置

缝织带的位置

编织花样

编织花样

短针

短针

皮革包底

※主体第1行从包底的小孔中挑取84针

包底的小孔（42个）

△ = 加线
▲ = 剪线

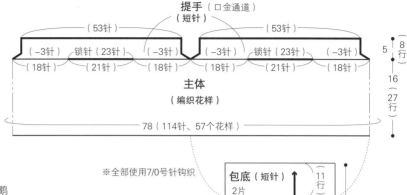

No.12 口金手拿包
l
图片：p.24、25

材料和工具

a / 芭贝 Leafy 橄榄绿色（765）210g，12mm 宽的天鹅绒缎带 A（米色）5m

b / 芭贝 Leafy 黑色（757）210g，12mm 宽的天鹅绒缎带 B（灰色）5m

〈通用〉14cm×23cm 的塑料底板，Jasmine 铝管框架口金（JS1224）（24cm，银色）1 个，装饰纽扣 1 颗，钩针 7/0 号

成品尺寸 宽 24cm，深 16cm（不含提手）

编织密度 10cm×10cm 面积内：编织花样 14.5 针，17 行

编织要点 除指定以外均用 2 根线合股编织
● 包底钩织 2 片。钩织 16 针锁针起针，参照图示一边加针一边钩织 11 行短针（包底的钩织方法参照 p.75）。
● 在 2 片包底之间夹入底板，钩织主体时，从 2 层重叠的织片上挑针，按编织花样钩织 27 行。提手部分钩织 8 行短针。
● 参照组合方法，将各部分组合在一起（参照 p.44、45）。

提手（口金通道）
（短针）

（53针） （53针）

（-3针） 锁针（23针）（-3针）（-3针）锁针（23针）（-3针）
（18针）（21针）（18针）（18针）（21针）（18针）

主体
（编织花样）

5 { 8行 }

16 { 27行 }

78（114针、57个花样）

※全部使用7/0号针钩织

包底（短针） { 11行 }
2片
锁针（16针）起针 15
（114针）
24

缎带的缠绕方法
缎带A：70cm 各2根
缎带B：180cm 各2根

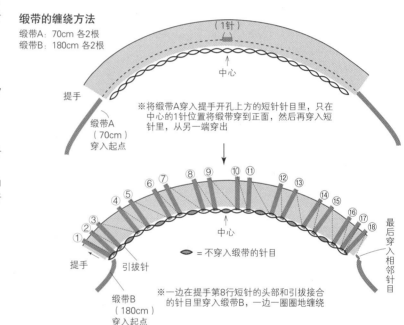

（1针）
中心
提手
缎带A（70cm）穿入起点

※将缎带A穿入提手开孔上方的短针针目里，只在中心的1针位置将缎带穿到正面，然后再穿入短针里，从另一端穿出

① ② ③ ④ ⑤ ⑥ ⑦ ⑧ ⑨ ⑩ ⑪ ⑫ ⑬ ⑭ ⑮ ⑯ ⑰ ⑱

中心
提手
引拔针
＝不穿入缎带的针目
缎带B（180cm）穿入起点

最后穿入相邻针目

※一边在提手第8行短针的头部和引拔接合的针目里穿入缎带B，一边一圈圈地缠绕

组合方法

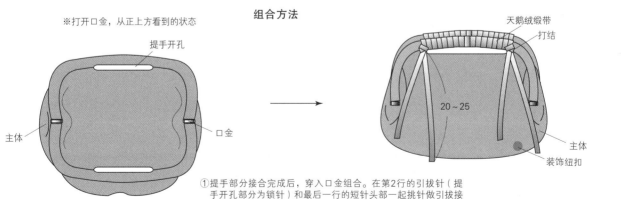

※打开口金，从正上方看到的状态

提手开孔

主体 口金

天鹅绒缎带
打结

20 ~ 25

主体
装饰纽扣

① 提手部分接合完成后，穿入口金组合。在第2行的引拔针（提手开孔部分为锁针）和最后一行的短针头部一起挑针做引拔接合。接合成圆筒状后，穿入口金（也可以夹住口金接合）。
② 参照上图缎带的缠绕方法，将天鹅绒缎带缠绕在①中的提手上。再将穿好的缎带A和缎带B打一个结
③ 将装饰纽扣缝在喜欢的位置

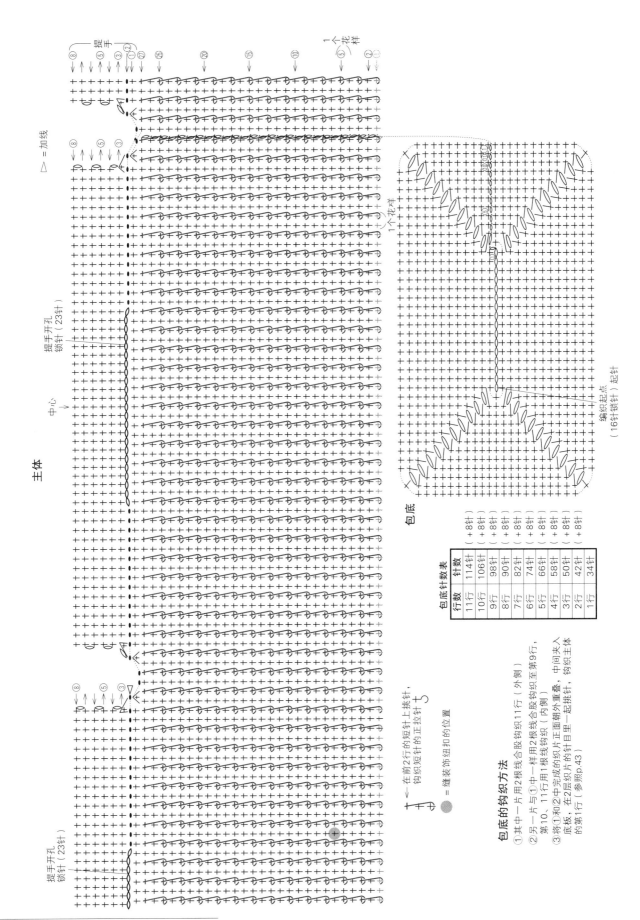

主体

△ = 加线

提手开孔（23针）
锁针

提手开孔（23针）
锁针

提手

中心

包底

1个花样

1个花样

编织起点
（16针锁针）起针

包底针数表

行数	针数	
11行	114针	（+8针）
10行	106针	（+8针）
9行	98针	（+8针）
8行	90针	（+8针）
7行	82针	（+8针）
6行	74针	（+8针）
5行	66针	（+8针）
4行	58针	（+8针）
3行	50针	（+8针）
2行	42针	（+8针）
1行	34针	

← 在前2行的短针上挑针，
钩织短针的正拉针 ↄ

● = 缝装饰纽扣的位置

包底的钩织方法

①其中一片用2根线合股钩织11行（外侧）

②另一片与①中一样用2根线合股钩织至第9行，
第10、11行用1根线钩织（内侧）

③将①和②中完成的织片正面朝外重叠，中间夹入
底板，在2层织片的针目里一起挑针，钩织主体
的第1行（参照p.43）

No.13 爆米花针小挎包

I

图片：p.26、27

※全部使用5/0号针钩织

材料和工具

a / 芭贝 Leafy 棕色（753）35g

b / 芭贝 Leafy 自然色（761）35g

c / 芭贝 Leafy 橄榄绿色（765）35g

〈通用〉D 形环（10mm，金色）2 个，搭扣（米色）1 组，角田商店 两端带挂扣的链条（120cm，金色）（K112G）1 根，装饰纽扣 1 颗，钩针 5/0 号

成品尺寸 直径 18cm（不含提手）

编织密度 参照图示

编织要点

● 主体环形起针后，参照图示一边加针一边按编织花样钩织 6 行。钩织 2 片主体，正面朝外对齐☆部分做挑针接合。

● 参照组合方法，分别将各部件缝在主体上。

主体

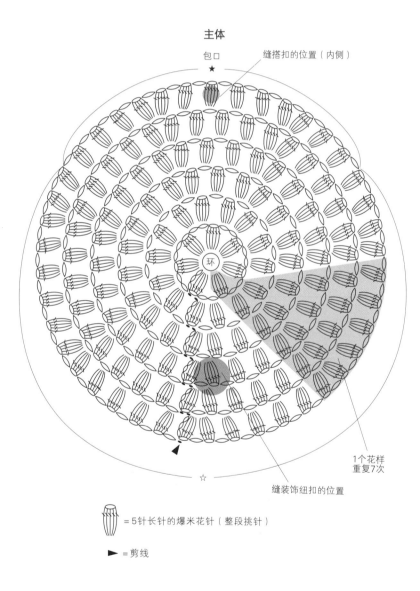

= 5针长针的爆米花针（整段挑针）

► = 剪线

组合方法

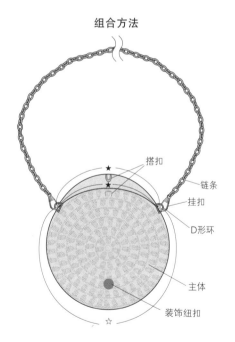

① 将2片主体正面朝外重叠，将☆部分对齐做挑针接合

② 将D形环缝在包口的两端

③ 将搭扣分别缝在内侧的指定位置

④ 将装饰纽扣缝在主体指定位置的前侧

⑤ 将链条的挂扣装在②中的D形环上

缝D形环的方法

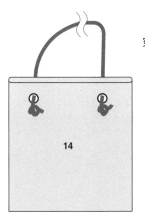

No.14、15 双色方形包

图片：p.28、29

材料和工具

14 / MARCHENART Manila hemp yarn 黑色（510）90g，
麦秆色（507）85g，气眼扣（内径12mm，金色）4个，
皮革绳（宽10mm，黑色）150cm

15 / MARCHENART Manila hemp yarn 翠蓝色（530）
50g，麦秆色（507）45g，气眼扣（内径12mm，金
色）4个，皮革绳（宽10mm，褐色）105cm，搭扣
（米色）1组

〈通用〉钩针4/0号、5/0号

成品尺寸

14 / 宽29cm，深34.5cm

15 / 宽22cm，深23.5cm

编织密度 10cm×10cm 面积内：短针20.5针，20行；
编织花样22针，20行（5/0号针）

编织要点

●主体用5/0号针、麦秆色线钩织锁针起针，接着用4/0号
针在锁针的半针和里山共2根线里挑针钩织2行短针。
接着换成5/0号针，参照图示按编织花样钩织。在指定位
置制作安装气眼扣的小孔。编织终点不要将线剪断。

●在起针锁针剩下的1根线里挑针钩织另一侧的短针。用
4/0号针在所有针目里挑针，钩织至第2行。接着换成
5/0号针，减少指定针数后参照图示继续钩织，中途制作
安装气眼扣的小孔。编织终点不要将线剪断。

●将主体正面朝内对齐折叠，参照组合方法，两侧用留出的
线做引拔接合。在制定位置安装气眼扣，穿入皮革绳后
打结。作品15再缝上搭扣。

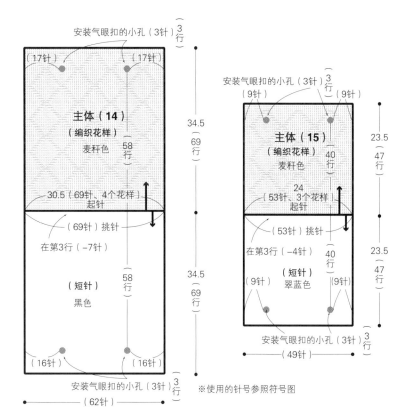

安装气眼扣的小孔（3针）
（17针）（17针）

主体（14）
（编织花样）
麦秆色
58行

34.5
69行

30.5（69针、4个花样）
起针

（69针）挑针

在第3行（-7针）

（短针）
黑色
58行

34.5
69行

（16针）（16针）

安装气眼扣的小孔（3针）
（62针）

安装气眼扣的小孔（3针）
（9针）（9针）

主体（15）
（编织花样）
麦秆色
40行

23.5
47行

24（53针、3个花样）
起针

（53针）挑针

在第3行（-4针）

（9针）（9针）
（短针）
翠蓝色
40行

23.5
47行

安装气眼扣的小孔（3针）
（49针）

※使用的针号参照符号图

穿皮革绳的方法

14

15

组合方法

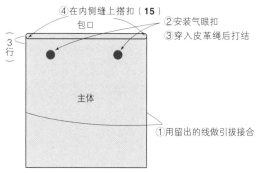

④在内侧缝上搭扣（15）
包口
②安装气眼扣
③穿入皮革绳后打结
主体
①用留出的线做引拔接合

①将主体正面朝内对齐折叠，在两侧做引拔接合
②将织片翻回正面，在小孔上安装气眼扣
③穿入皮革绳后打结
④作品15在包口内侧缝上搭扣

●编织方法见p.78

● 接p.77

主体（15）　　　安装气眼扣的位置　　　编织花样 16针14行1个花样

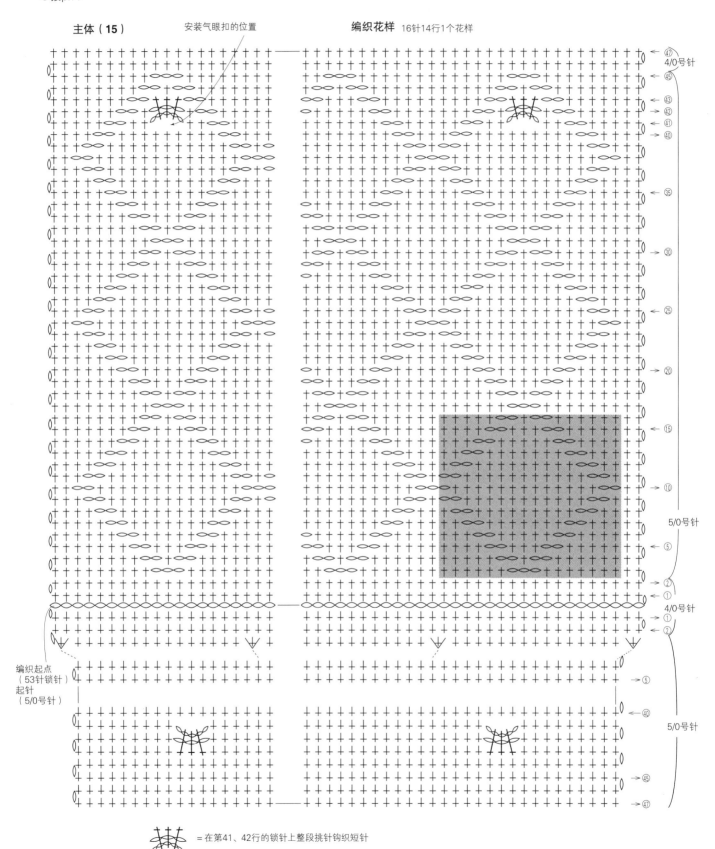

4/0号针

5/0号针

4/0号针

编织起点
（53针锁针）
起针
（5/0号针）

5/0号针

= 在第41、42行的锁针上整段挑针钩织短针

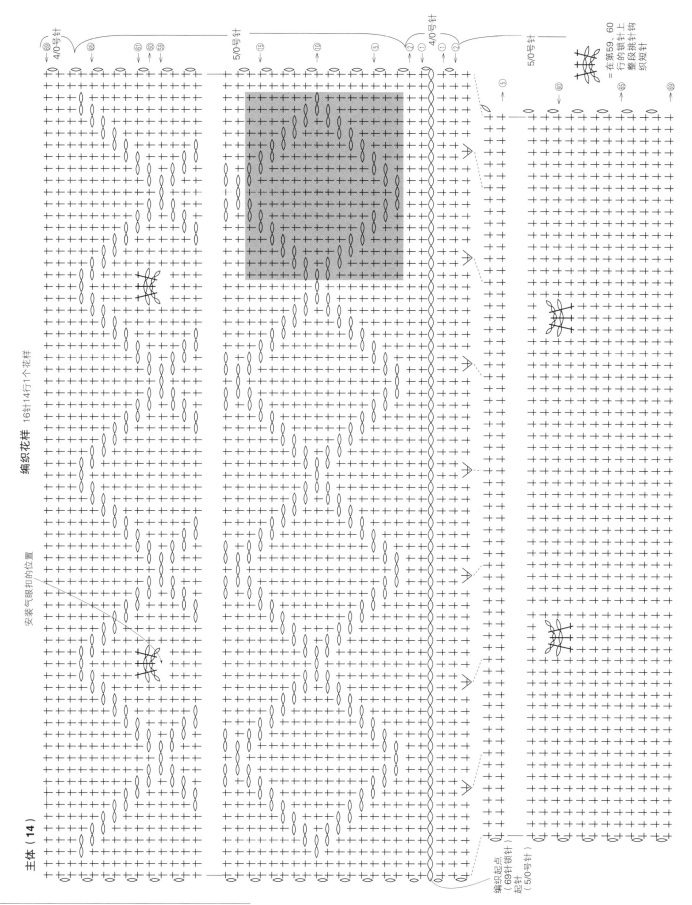

编织花样 16针14行1个花样

主体（14）

安装气眼扣的位置

No.20 手腕包
I
· 图片：p.34、35

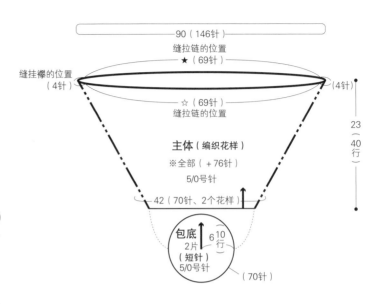

90（146针）
缝拉链的位置
★（69针）
缝挂襻的位置
（4针）
（4针）
☆（69针）
缝拉链的位置
23（40行）
主体（编织花样）
※全部（＋76针）
5/0号针
42（70针、2个花样）
包底
2片
6 10行
（短针）
5/0号针
（70针）
包底

材料和工具
a / 芭贝 Leafy 自然色（761）220g
b / 芭贝 Leafy 黑色（757）220g
〈通用〉直径 11.5cm 的底板，连接环（内径 60mm，金色）1 个，拉链（40cm）1 根，装饰纽扣 1 颗，钩针 5/0 号、6/0 号

成品尺寸 宽 45cm，深 23cm

编织密度 10cm×10cm 面积内：编织花样 16.5 针，17 行

编织要点 除指定以外均用 2 根线合股编织
●包底钩织 2 片。环形起针后，参照图示一边加针一边钩织 10 行短针（参照包底的钩织方法）。
●在 2 片包底之间夹入底板，主体从 2 层重叠的织片上挑针，按编织花样钩织 40 行。
●提手钩织 13 针锁针起针，一边做加减针一边钩织 113 行短针。接着在两侧各钩织 1 行短针。参照提手的组合方法，在 26 处系上流苏。
●挂襻钩织 10 针锁针起针，接着钩织 3 行短针。
●参照组合方法，将各部分组合在一起。

包底针数表

行数	针数	
10行	70针	（＋7针）
9行	63针	（＋7针）
8行	56针	（＋7针）
7行	49针	（＋7针）
6行	42针	（＋7针）
5行	35针	（＋7针）
4行	28针	（＋7针）
3行	21针	（＋7针）
2行	14针	（＋7针）
1行	7针	

包底的钩织方法
①其中一片用2根线合股钩织10行（外侧）
②另一片与①中一样用2根线合股钩织至第8行，第9、10行用1根线钩织（内侧）
③将①和②中完成的织片正面朝外重叠，中间夹入底板，在2层织片的针目里一起挑针，钩织主体的第1行（参照p.43）

组合方法

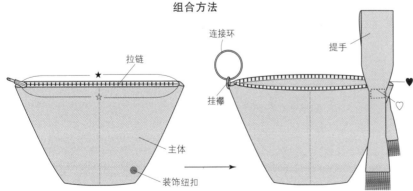

拉链
连接环
提手
★
☆
挂襻
主体
装饰纽扣

①将拉链缝在主体第39行内侧的☆、★位置
②将装饰纽扣缝在指定位置
③将提手缝在主体的指定位置（♡、♥）
④将挂襻穿过连接环后对折，从外侧和内侧夹住主体的指定位置后缝合

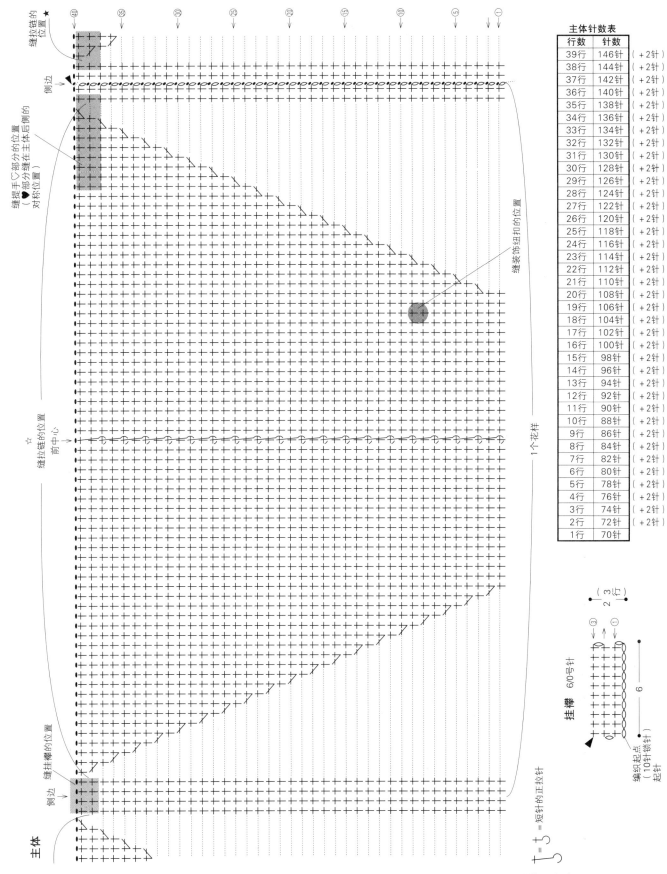

主体针数表

行数	针数	
39行	146针	（＋2针）
38行	144针	（＋2针）
37行	142针	（＋2针）
36行	140针	（＋2针）
35行	138针	（＋2针）
34行	136针	（＋2针）
33行	134针	（＋2针）
32行	132针	（＋2针）
31行	130针	（＋2针）
30行	128针	（＋2针）
29行	126针	（＋2针）
28行	124针	（＋2针）
27行	122针	（＋2针）
26行	120针	（＋2针）
25行	118针	（＋2针）
24行	116针	（＋2针）
23行	114针	（＋2针）
22行	112针	（＋2针）
21行	110针	（＋2针）
20行	108针	（＋2针）
19行	106针	（＋2针）
18行	104针	（＋2针）
17行	102针	（＋2针）
16行	100针	（＋2针）
15行	98针	（＋2针）
14行	96针	（＋2针）
13行	94针	（＋2针）
12行	92针	（＋2针）
11行	90针	（＋2针）
10行	88针	（＋2针）
9行	86针	（＋2针）
8行	84针	（＋2针）
7行	82针	（＋2针）
6行	80针	（＋2针）
5行	78针	（＋2针）
4行	76针	（＋2针）
3行	74针	（＋2针）
2行	72针	（＋2针）
1行	70针	

缝拉链的位置★

侧边

缝提手⌒部分的位置
（●部分缝在主体后侧的
对称位置）

缝拉链的位置
☆

前中心→

缝表饰纽扣的位置

1个花样

缝挂襻的位置

侧边

主体

$\begin{array}{c} \uparrow \\ + \end{array} = \begin{array}{c} \downarrow \\ + \end{array}$ ＝短针的正拉针

挂襻 6/0号针

（3行）2

编织起点
（10针锁针）
起针

●提手的编织方法见p.82

● 接p.81

提手

提手的组合方法

提手

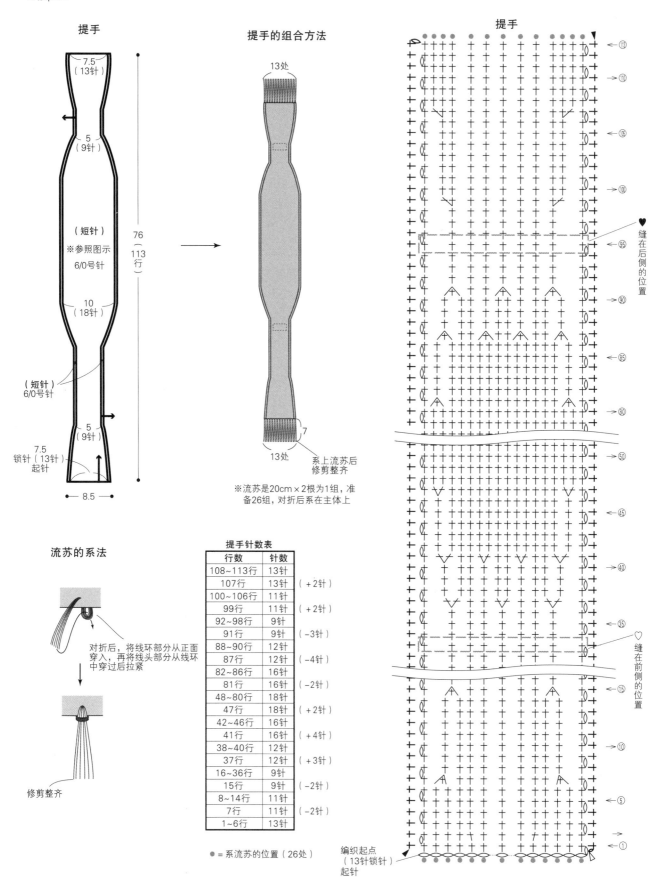

7.5
（13针）

5
（9针）

（短针）
※参照图示
6/0号针

76
（113
行）

10
（18针）

（短针）
6/0号针

5
（9针）

7.5
锁针（13针）
起针

8.5

13处

系上流苏后
修剪整齐

7

13处

※流苏是20cm×2根为1组，准
备26组，对折后系在主体上

流苏的系法

对折后，将线环部分从正面
穿入，再将线头部分从线环
中穿过后拉紧

修剪整齐

提手针数表

行数	针数	
108~113行	13针	
107行	13针	（+2针）
100~106行	11针	
99行	11针	（+2针）
92~98行	9针	
91行	9针	（−3针）
88~90行	12针	
87行	12针	（−4针）
82~86行	16针	
81行	16针	（−2针）
48~80行	18针	
47行	18针	（+2针）
42~46行	16针	
41行	16针	（+4针）
38~40行	12针	
37行	12针	（+3针）
16~36行	9针	
15行	9针	（−2针）
8~14行	11针	
7行	11针	（−2针）
1~6行	13针	

● = 系流苏的位置（26处）

缝在后侧的位置 ♥

缝在前侧的位置 ♡

编织起点
（13针锁针）
起针

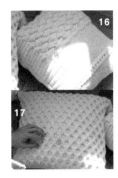

No.16、17 抱枕套

图片：p.30

材料和工具

16 / Ski 毛线 Shelly 纯羊毛极粗 原白色（3001）430g，
直径 25mm 的纽扣 3 颗，装饰纽扣 1 颗，棒针 10
号、11 号、13 号，麻花针，钩针 7/0 号

17 / Ski 毛线 Shelly 纯羊毛极粗 原白色（3001）440g，
直径 25mm 的纽扣 3 颗，装饰纽扣 1 颗，棒针
8 号、10 号、11 号、13 号，麻花针，钩针 5/0 号、
6/0 号

成品尺寸 42cm × 42cm

编织密度 10cm × 10cm 面积内：编织花样 A、B 24.5
针，24 行（13 号针）；编织花样 C 29 针，24 行（8 号针）；
下针编织 17 针，22 行（11 号针）

编织要点
- 前片：**16** 手指挂线起针，参照图示编织 18 行双罗纹针，
接着更换针号按编织花样 A、B 和起伏针编织 80 行。**17**
用 6/0 号针共线锁针起针，按编织花样 C 编织 100 行。
编织结束时，**16** 用 7/0 号针、**17** 用 5/0 号针做引拔收针。
- 后片：按与 **16** 前片相同的方法起 72 针，参照图示编
织 14 行双罗纹针，再编织 40 行下针，编织终点做伏
针收针。在其中一片后片上留出扣眼。
- 参照组合方法，将前、后片正面朝内重叠做引拔缝合。制
作 4 个穗子，系在转角。最后缝上装饰纽扣和其他纽扣。

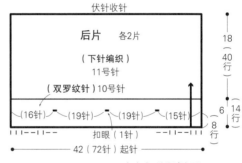

※仅各在 1 片留出扣眼

组合方法

①将前、后片正面朝内重叠
做引拔缝合。因为针数与
行数不同，建议一边临时
固定一边缝合。（双罗纹针
部分将留出扣眼的 1 片放
在内侧）

穗子的制作方法

① 在厚纸板上缠绕 80 圈线。
在一侧用线扎紧。

② 在距离上端 2cm 左右的位置用线
扎紧，将下端修剪整齐

用 30cm 长的线缠绕
3~4 圈，用力拉紧打
结。将打结后的线头
穿入缝针，再将其穿
入扎紧的位置

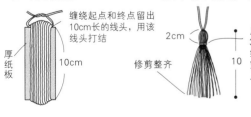

缠绕起点和终点留出
10cm 长的线头，用该
线头打结。

修剪整齐

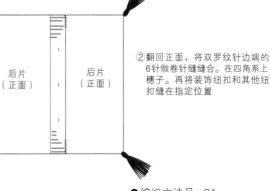

②翻回正面，将双罗纹针边端的
6 针做卷针缝缝合。在四角系上
穗子。再将装饰纽扣和其他纽
扣缝在指定位置

● 编织方法见 p.84

●接p.83

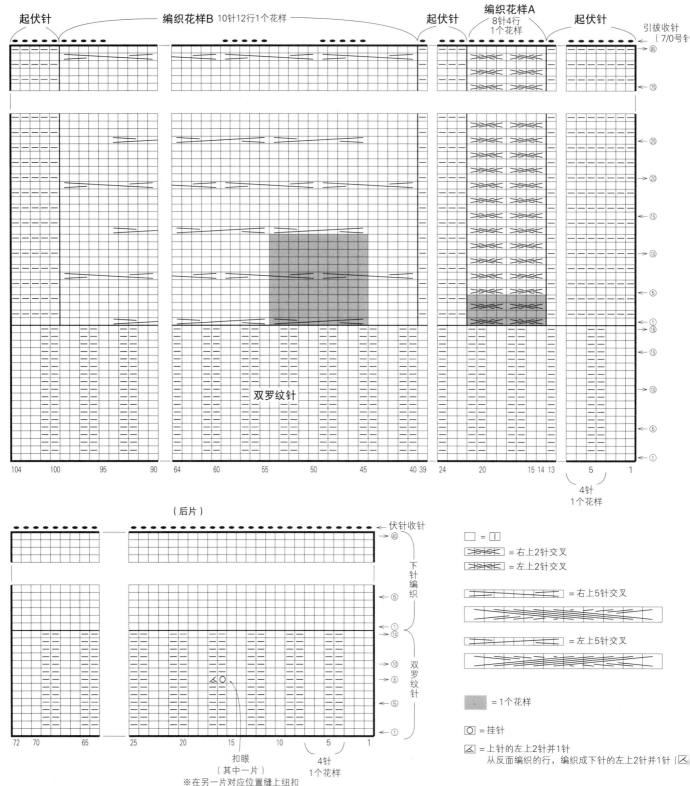

※编织花样B的引拔收针：将交叉针上面的
5针重叠在下面的5针上做引拔收针

（16：前片）

起伏针　　　编织花样B 10针12行1个花样　　　起伏针　　编织花样A　　起伏针
　　　　　　　　　　　　　　　　　　　　　　　　　　　　　　8针4行　　　　　引拔收针
　　　　　　　　　　　　　　　　　　　　　　　　　　　　　　1个花样　　　　　（7/0号针

双罗纹针

104　100　　95　　90　64　60　　55　　50　　45　40 39　24　20　　15 14 13　　5　　1

4针
1个花样

（后片）

伏针收针

起伏针

下针编织

双罗纹针

扣眼
（其中一片）
※在另一片对应位置缝上纽扣

4针
1个花样

72 70　　65　25　　20　　15　　10　　5　　1

□ = □

= 右上2针交叉

= 左上2针交叉

= 右上5针交叉

= 左上5针交叉

= 1个花样

⃝ = 挂针

= 上针的左上2针并1针
从反面编织的行，编织成下针的左上2针并1针

84

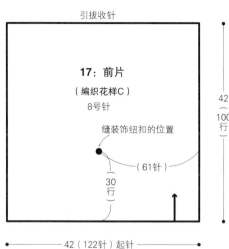

引拔收针

17：前片
（编织花样C）
8号针

缝装饰纽扣的位置

（61针）

30行

42（100行）

42（122针）起针

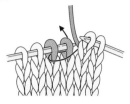

左上2针并1针

1 从左边一次性在2针里插入右棒针，编织下针。

2 下针的左上2针并1针完成。

挂针

1 将线从前往后挂在右棒针上，编织下1针。

2 1针挂针完成。

编织花样C（**17：前片**）

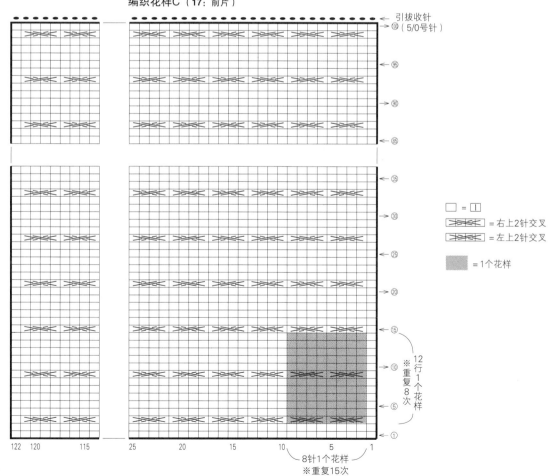

引拔收针
（5/0号针）

□ = □

⧓ = 右上2针交叉

⧓ = 左上2针交叉

▨ = 1个花样

12行1个花样
※重复8次

122 120 115

25 20 15 10 5 1

8针1个花样
※重复15次

No.18 厚子女士的毛毯
|
图片：p.31

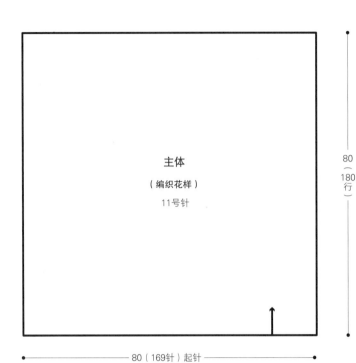

材料和工具
Ski 毛线 Shelly 纯羊毛极粗 原白色（3001）680g，棒针 11 号，钩针 7/0 号

成品尺寸 80cm×80cm

编织密度 10cm×10cm 面积内：编织花样 21 针，22.5 行（11 号针）

编织要点
● 手指挂线起 169 针，参照图示按编织花样编织 180 行。编织终点做伏针收针。
● 伏针收针完成后，紧接着用 7/0 号针在四周钩织 2 行边缘编织。

主体

（编织花样）

11号针

80（180行）

80（169针）起针

（边缘编织）7/0号针

1 2 行

（169针）挑针

转角 锁针（1针）　　　转角 锁针（1针）

（169针）挑针　　　　　　　（169针）挑针

转角 锁针（1针）　　　转角 锁针（1针）

（169针）挑针

～十 反短针

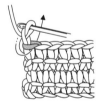

1 不要翻转织片，立织1针锁针，如箭头所示转动钩针，在前一行针目的头部2根线里入针。

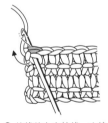

2 从线的上方挂线，直接将线拉出至前面。

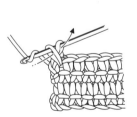

3 针头挂线，如箭头所示一次性引拔穿过2个线圈，钩织短针。

4 反短针完成。

编织花样　4针4行1个花样

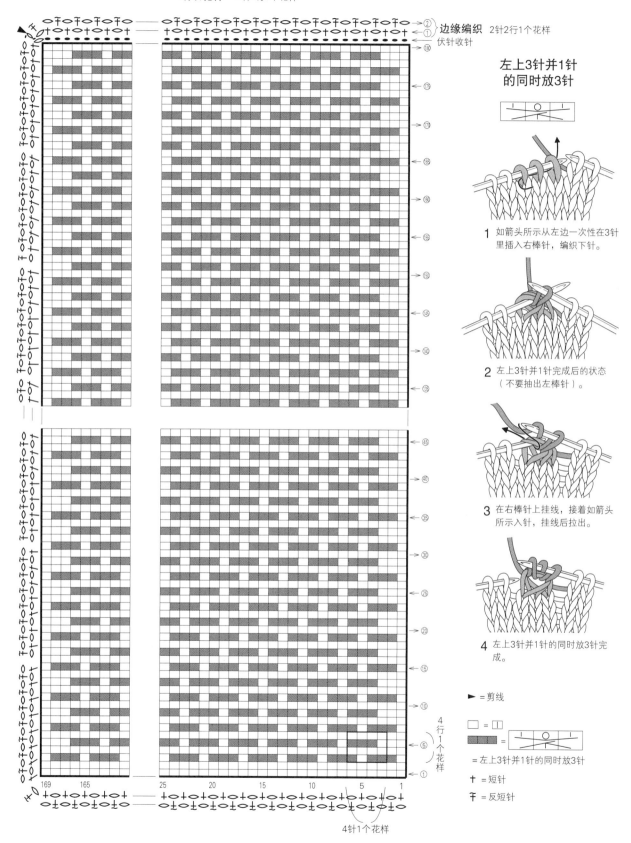

边缘编织　2针2行1个花样
伏针收针

左上3针并1针
的同时放3针

1 如箭头所示从左边一次性在3针
里插入右棒针，编织下针。

2 左上3针并1针完成后的状态
（不要抽出左棒针）。

3 在右棒针上挂线，接着如箭头
所示入针，挂线后拉出。

4 左上3针并1针的同时放3针完
成。

► =剪线

□ = ⊡

▨ = 左上3针并1针的同时放3针

† = 短针

⫟ = 反短针

4针1个花样

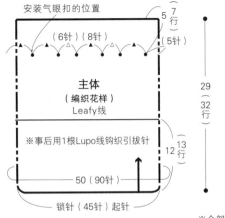

No.19 仿皮草束口包

I

图片：p.32、33

安装气眼扣的位置

（6针）（8针）

主体
（编织花样）
Leafy线

※事后用1根Lupo线钩织引拔针

7行
5（5针）

29（32行）

12（13行）

锁针（45针）起针

50（90针）

25

※全部使用6/0号针钩织

材料和工具

a / 芭贝 Leafy 自然色（761）130g，和麻纳卡 Lupo 棕色
（9）55g

b / 芭贝 Leafy 浅灰色（760）130g，和麻纳卡 Lupo 银灰
色（2）55g

〈通用〉气眼扣（内径8.5mm，金色）12个，孔径4mm
的双孔绳扣（金色）2个，直径3mm的皮革绳（米色）
200cm，装饰纽扣1颗，钩针6/0号

成品尺寸 宽25cm，深29cm

编织密度 10cm×10cm 面积内：编织花样18针，11行

编织要点 除指定以外均用2根线合股编织

●主体用 Leafy 线钩织 45 针锁针起针，参照图示按编织花
样钩织 32 行。

●在指定位置加入 1 根 Lupo 线钩织引拔针。钩织 13 行后
将线剪断。

●提手在编织起点留出 100cm 长的线头钩织锁针起针，接
着钩织 32 行短针，留出 100cm 长的线头剪断。钩织 2
根提手。参照组合方法做卷针缝缝合提手，再用留出的
线头将其缝在指定位置。

●在指定位置安装气眼扣，穿入皮革绳。最后将装饰纽扣缝
在外侧喜欢的位置。

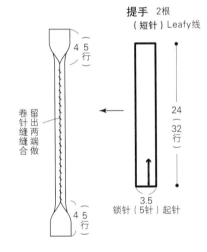

提手 2根
（短针）Leafy线

4（5行）

24（32行）

卷针缝缝合两端做
留出针缝缝合

3.5
锁针（5针）起针

4（5行）

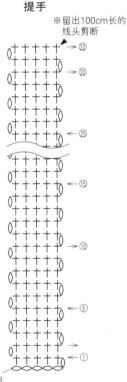

提手

※留出100cm长的
线头剪断

32
30
25
15
10
5
1

编织起点
（5针锁针）起针
※留出100cm长的线头

组合方法

将提手缝在包口内侧

主体（反面）

主体（正面）

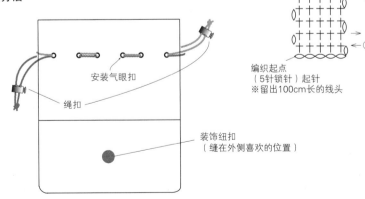

安装气眼扣

绳扣

装饰纽扣
（缝在外侧喜欢的位置）

①将2根提手缝在包口的内侧

②将200cm长的皮革绳对折后剪成2根。在指定位置安装气眼扣，依次穿入2根皮革绳

③将皮革绳两端分别穿入绳扣中，再将两端各打一个结

④将装饰纽扣缝在外侧喜欢的位置

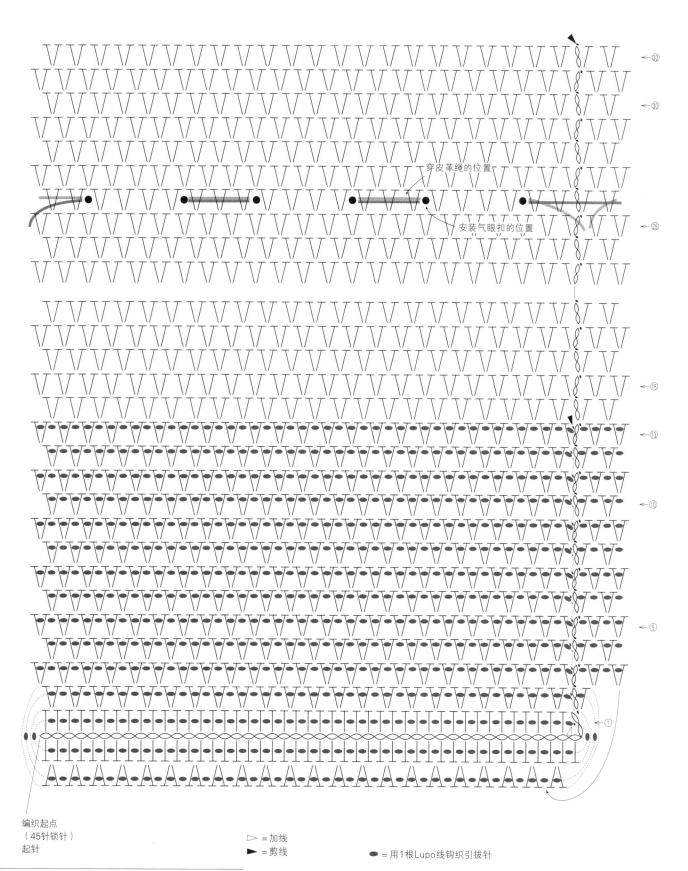

穿皮革绳的位置

安装气眼扣的位置

←㉜

←㉚

←㉕

←⑮

←⑬

←⑩

←⑤

←①

编织起点
（45针锁针）
起针

▷ =加线
► =剪线
● =用1根Lupo线钩织引拔针

No.21 松叶针束口包
I
图片：p.36、37

材料和工具
a / DARUMA SASAWASHI FLAT 自然色（101）135g
b / DARUMA SASAWASHI FLAT 米色（102）135g
c / DARUMA SASAWASHI FLAT 棕色（104）135g
〈通用〉直径 3mm 的皮革绳 180cm，装饰纽扣 1 颗，钩针 6/0 号

成品尺寸 宽 15cm，深 23cm

编织密度 10cm×10cm 面积内：编织花样 2.8 个花样，9.5 行

编织要点 全部使用 2 根线合股编织
● 包底环形起针后，参照图示一边加针一边钩织 12 行短针（参照包底的钩织方法）。
● 主体从包底接着按编织花样钩织 22 行。
● 参照图示，在主体第 21 行的花样空隙里分别穿入 2 根皮革绳，再将皮革绳的末端各打一个结。
● 将装饰纽扣缝在指定位置。

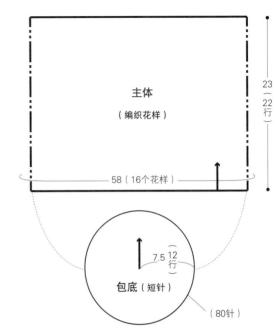

※全部使用6/0号针钩织

包底

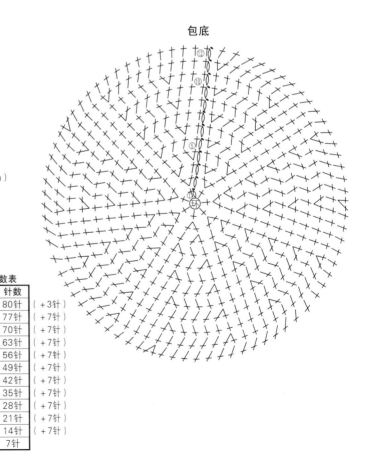

组合方法 **穿皮革绳的方法**

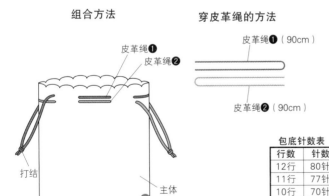

①将180cm长的皮革绳对折后剪成2根。在主体第21行的花样空隙里分别穿入2根皮革绳，再将皮革绳的末端各打一个结
②将装饰纽扣缝在主体的指定位置

包底针数表

行数	针数	
12行	80针	（+3针）
11行	77针	（+7针）
10行	70针	（+7针）
9行	63针	（+7针）
8行	56针	（+7针）
7行	49针	（+7针）
6行	42针	（+7针）
5行	35针	（+7针）
4行	28针	（+7针）
3行	21针	（+7针）
2行	14针	（+7针）
1行	7针	

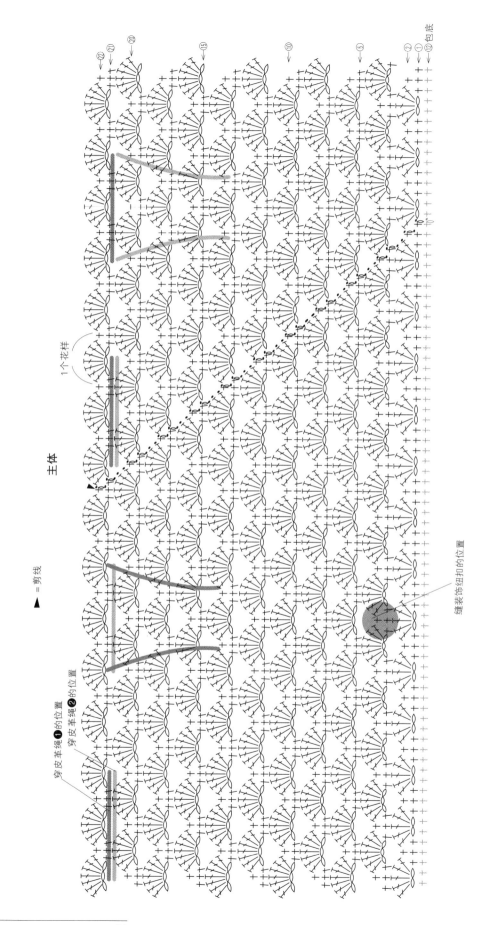

主体

▲ = 剪线

1个花样

穿皮革绳❶的位置
穿皮革绳❷的位置

缝装饰纽扣的位置

㉒ ㉑ ⑳ ⑮ ⑩ ⑤ ② ① ⑫包底

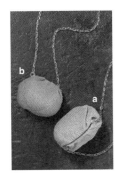

No.22 口金斜挎包

I

图片：p.38、39

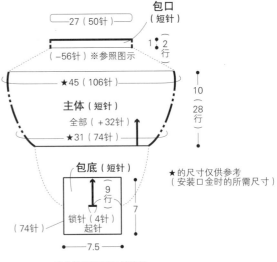

包口（短针）

27（50针）

（−56针）※参照图示

1 ∶ 2 行

★45（106针）

主体（短针）

全部（+32针）

★31（74针）

10（28 行）

包底（短针）

9 行

锁针（4针）起针

（74针）

7.5

7

★的尺寸仅供参考（安装口金时的所需尺寸）

※全部使用3/0号针钩织

材料和工具

a / 和麻纳卡 Emperor 银色（1）35g，D 形环（银色，10mm）2 个，角田商店 两端带挂扣的链条（120cm，银色）（K112N）1 根

b / 和麻纳卡 Emperor 金色（3）35g，D 形环（金色，10mm）2 个，角田商店 两端带挂扣的链条（120cm，金色）（K112G）1 根

〈通用〉角田商店 9cm 口金（银色，9cm 梳形反口内扣口金）（F151N）1 个，钩针 3/0 号

成品尺寸 宽 15.5cm，深 11cm

编织密度 10cm×10cm 面积内：短针 26 针，28 行

编织要点 全部使用 2 根线合股编织

●包底钩织 4 针锁针起针，参照图示一边加针一边钩织 9 行短针。接着一边加针一边钩织 28 行主体。参照图示，一边折叠第 28 行一边钩织包口的 2 行。因为作品是将反面用作正面，所以先将织片翻至反面（在正面做线头处理）。

●在口金上涂上胶水，将主体包口的♡、♥部分嵌入口金的凹槽固定（参照 p.42）。

●将 D 形环缝在主体的指定位置，再装上带挂扣的链条。

组合方法

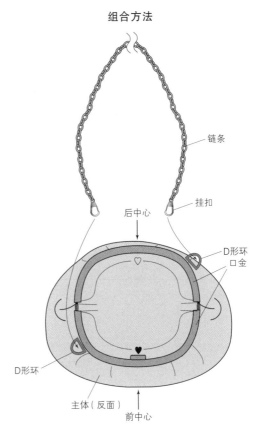

链条

挂扣

后中心

D形环

口金

D形环

主体（反面）

前中心

①将包底和主体的反面翻至外侧，在口金上涂上胶水，再将包口的♡、♥部分嵌入口金的凹槽（参照p.42）

②将D形环缝在主体的指定位置

③将链条的挂扣装在②中的D形环上

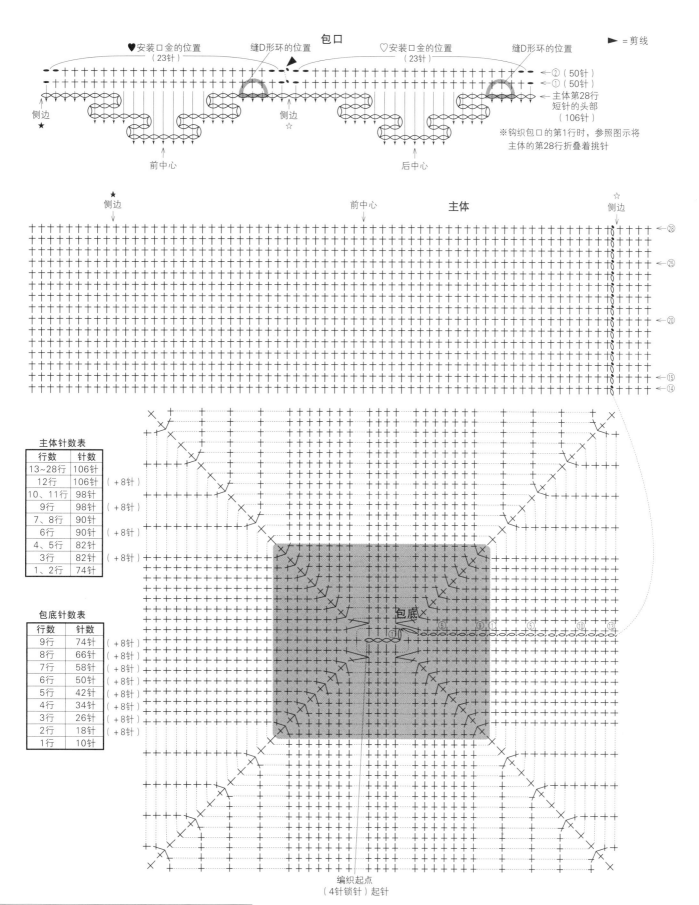

包口

♥安装口金的位置
（23针）

缝D形环的位置

♡安装口金的位置
（23针）

缝D形环的位置

► = 剪线

② （50针）
① （50针）

主体第28行
短针的头部
（106针）

※钩织包口的第1行时，参照图示将
主体的第28行折叠着挑针

侧边
★

前中心

侧边
☆

后中心

★
侧边

前中心

主体

☆
侧边

←28

←25

←20

←15
←14

主体针数表

行数	针数	
13~28行	106针	
12行	106针	（+8针）
10、11行	98针	
9行	98针	（+8针）
7、8行	90针	
6行	90针	（+8针）
4、5行	82针	
3行	82针	（+8针）
1、2行	74针	

包底针数表

行数	针数	
9行	74针	（+8针）
8行	66针	（+8针）
7行	58针	（+8针）
6行	50针	（+8针）
5行	42针	（+8针）
4行	34针	（+8针）
3行	26针	（+8针）
2行	18针	（+8针）
1行	10针	

包底

编织起点
（4针锁针）起针

No.23 小怪兽手拎包
图片：p.40

材料和工具
DARUMA Melange Slub 湖蓝色（8）330g，和麻纳卡 皮革包底（圆形，直径16cm，48孔）（H204-596-2）1片，MARCHENART 塑料圆环（外径23cm，透明）（MA2151）2个，活动眼睛（直径2.5cm）1组，D形环（20mm，金色）2个，挂扣（8mm，金色）1个，钩针7/0号

成品尺寸 宽28cm，周长66cm，深20cm（不含提手）

编织密度 10cm×10cm 面积内：编织花样13针，14行

编织要点 全部使用2根线合股编织
- ●主体从皮革包底挑针，第1行钩织48针，第2行加针至72针。参照图示按编织花样钩织至第29行。短针的圈圈针是用2根手指压出5cm长的线圈。
- ●提手穿入口钩织7针锁针起针，接着钩织12行短针。钩织2片。
- ●参照组合方法，分别将各部件组装在指定位置。

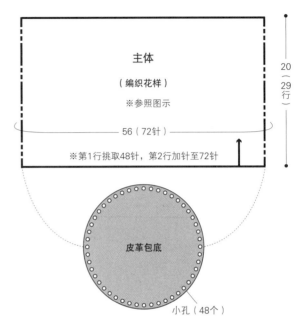

主体

（编织花样）

※参照图示

56（72针）

※第1行挑取48针，第2行加针至72针

20（29行）

皮革包底

小孔（48个）

※全部使用7/0号针钩织

提手穿入口
2片

⑫ ⑩ ☆ ⑤ ①

12（12行）

★

编织起点
（7针锁针）
起针

5.5

组合方法

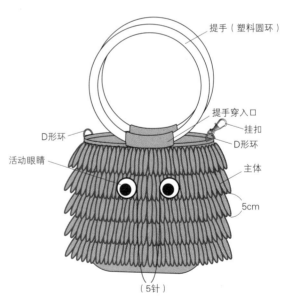

提手（塑料圆环）

提手穿入口
挂扣
D形环
D形环

活动眼睛

主体

5cm

（5针）

①将提手穿入口的★侧用卷针缝缝在第28行的头部，夹住提手，再将提手穿入口的☆侧缝在第27行的内侧
②将活动眼睛粘贴在第22行圈圈针的合适位置
③将D形环缝在主体的2处指定位置，注意其中一侧的D形环先穿入挂扣再缝合

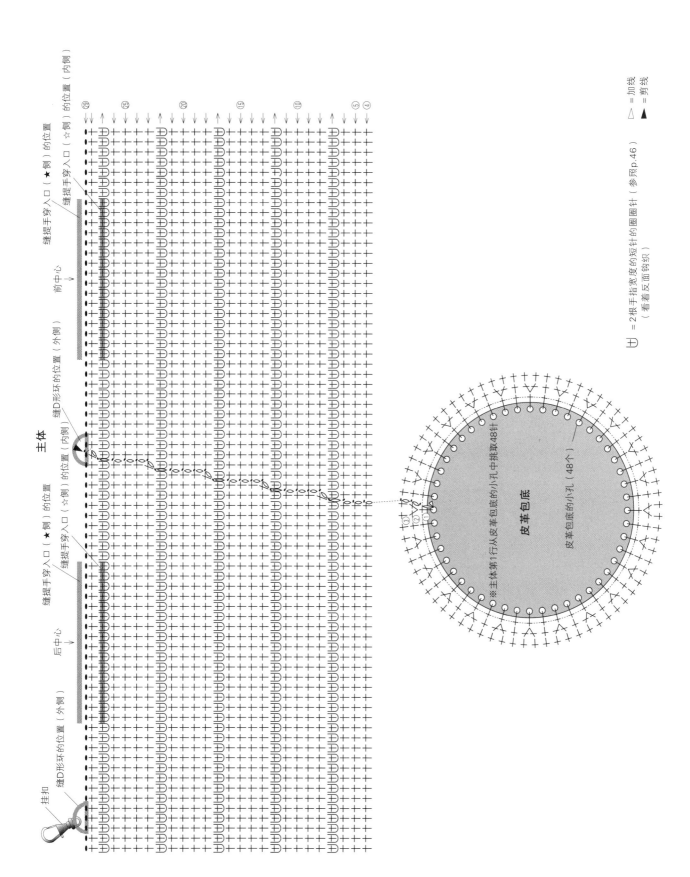

主体

缝提手穿入口（★侧）的位置

缝提手穿入口（☆侧）的位置

前中心

缝D形环的位置（内侧）

缝提手穿入口（★侧）的位置

缝提手穿入口（☆侧）的位置

后中心

缝D形环的位置（外侧）

挂扣

⑤ ⑩ ⑮ ⑳ ㉕ ㉙

⑤④

皮革包底

皮革包底的小孔（48个）

※主体第1行从皮革包底的小孔中挑取48针

Ⅲ = 2根手指宽度的短针的圈圈针（参照p.46）
（看着反面钩织）

▷ =加线
▲ =剪线

No.24 船形斜挎包

|

图片：p.41

材料和工具

DARUMA LOOP 原白色（1）65g，芭贝 Leafy 原白色
（761）25g，底板（10cm×10cm）1块，D形环（18mm，
金色）2个，拉链（20cm，灰色）1根，皮革绳（宽10mm，
黑色）150cm，大写字母别针1个，钩针5/0号

成品尺寸 宽22cm，深12cm

编织密度 10cm×10cm 面积内：短针15针，16行

编织要点 全部使用LOOP线和Leafy线共2根合股编织

●包底钩织2片。钩织5针锁针起针，参照图示一边加针
 一边钩织7行短针（包底的钩织方法参照p.97）。
●主体将短针的反面用作正面。在2片包底之间夹入底板，
 从2层重叠的织片上挑针，一边加针一边钩织20行
 短针。
●将拉链缝在主体内侧的指定位置。
●在指定位置缝上D形环，分别在两端穿入皮革绳后打结
 固定。
●将大写字母别针别在主体的合适位置。

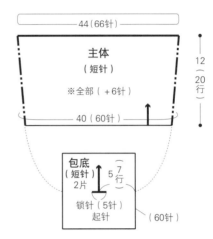

※全部使用5/0号针钩织
※包底使用短针的正面作正面，主体使用短针的反面
作正面

组合方法

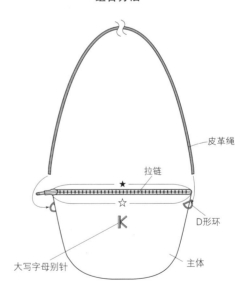

①将拉链缝在主体内侧的☆和★位置（参照p.47）
②将D形环缝在主体外侧的指定位置
③将皮革绳的两端穿入D形环，分别打结固定后使用
④将大写字母别针别在主体的合适位置

主体

缝拉链的位置 ★

缝D形环的位置（外侧）

缝拉链的位置 ☆

缝D形环的位置

缝D形环的位置（外侧）

短针的正面朝内钩织

包底

编织起点（5针锁针）起针

▲ = 剪线

包底针数表

行数	针数	
7行	60针	（+8针）
6行	52针	（+8针）
5行	44针	（+8针）
4行	36针	（+8针）
3行	28针	（+8针）
2行	20针	（+8针）
1行	12针	

包底的钩织方法

①包底钩织至第7行，一共钩2片。

②将2片包底正面朝外重叠，中间夹入底板，钩织主体的第1行（参照p.43）。

主体针数表

行数	针数	
20行	66针	
19行	66针	
18行	66针	
17行	66针	（+1针）
16行	65针	
15行	65针	
14行	65针	（+1针）
13行	64针	
12行	64针	
11行	64针	（+1针）
10行	63针	
9行	63针	
8行	63针	（+1针）
7行	62针	
6行	62针	
5行	62针	（+1针）
4行	61针	
3行	61针	
2行	61针	（+1针）
1行	60针	

钩针和棒针编织基础

钩针编织

● 锁针

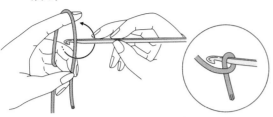  

1 将钩针放在线的后面，如箭头所示转动钩针，将线挂在针头。

2 用左手拇指和中指捏住交叉处制作线环，接着在针头挂线。

3 将挂线从线环中拉出。

4 拉紧线头，这就是锁针的起始针目。此针不计入针数。

5 如箭头所示挂线。

6 将线从针上的线圈中拉出。

7 1针锁针完成。重复步骤**5**、**6**，钩织所需数量的锁针。

● 锁针起针和挑针方法

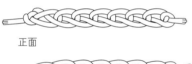

正面

反面

锁针的里山

锁针有正面和反面之分。

从锁针的里山挑针

这是一般的挑针方法。挑针后留下锁针的正面，非常美观。如果没有特别说明，均用此方法挑针。

从锁针的半针和里山挑针

因为是从锁针的2根线上挑针，所以针目比较稳定。适用于镂空花样以及细线钩织的情况。

从锁针的半针挑针

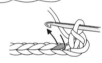

这种挑针方法容易拉伸，不太稳定。希望起针具有伸缩性，或者需要从起针的两侧挑针的情况可以使用此方法。

● 锁针环形起针

1 钩织所需数量的锁针。

2 注意不要让锁针扭转，在第1针锁针的里山插入钩针，挂线引拔后连接成环形。

● 手指绕线环形起针

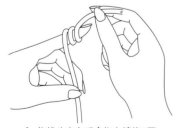  

1 将线头在左手食指上缠绕2圈。

2 取下线环后，左手捏住交叉处，注意不要让所绕线环散开。在线环中插入钩针，将线拉出。

3 再次挂线引拔。

4 环形起针的起始针目完成。此针不计入针数。

引拔针

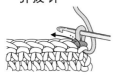 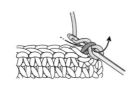  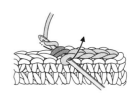

1 在前一行针目的头部插入钩针。 **2** 针头挂线，如箭头所示引拔。 **3** 在相邻针目插入钩针，挂线引拔。 **4** 重复步骤**3**。

┼ **短针**

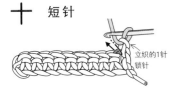  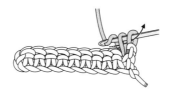 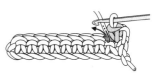

1 在前一行针目的头部插入钩针。 **2** 针头挂线后拉出。 **3** 针头挂线，一次性引拔穿过针上的2个线圈。 **4** 短针完成。重复步骤**1~3**。

T **中长针**

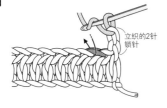 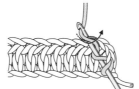 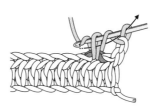 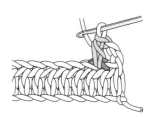

1 针头挂线，在前一行针目的头部插入钩针。 **2** 针头挂线后拉出。 **3** 针头挂线，一次性引拔穿过针上的3个线圈。 **4** 中长针完成。重复步骤**1~3**。

T **长针**

 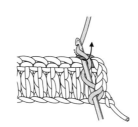 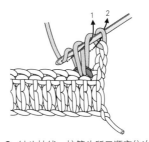 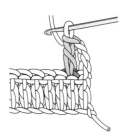

1 针头挂线，在前一行针目的头部插入钩针。 **2** 针头挂线后拉出。 **3** 针头挂线，按箭头所示顺序依次引拔穿过针上的2个线圈。 **4** 长针完成。重复步骤**1~3**。

∧ **2针短针并1针**

  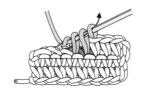 

1 在前一行针目里插入钩针，挂线后拉出（未完成的短针）。 **2** 在前一行的相邻针目里插入钩针，挂线后拉出（未完成的短针）。 **3** 针头挂线，一次性引拔穿过针上的3个线圈。 **4** 2针短针并1针完成。

⋀ 2针长针并1针

1 先钩织1针未完成的长针，接着针头挂线，在相邻针目里再钩织1针未完成的长针。

2 针头挂线，一次性引拔穿过针上的3个线圈。

3 2针长针并1针完成。

⋁ 1针放2针短针

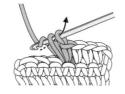

1 在前一行的针目里钩织1针短针，再在同一个针目里插入钩针。

2 挂线后拉出，钩织短针。

3 在前一行的1针里钩入了2针短针。

⋁ 1针放3针短针

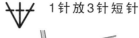

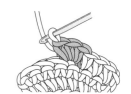

1 在前一行的针目里钩入2针短针，再在同一个针目插入钩针。

2 挂线后拉出，钩织短针。在前一行的1针里钩入了3针短针。

✛ 短针的条纹针（往返编织的情况）

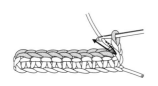

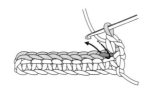

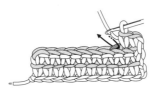

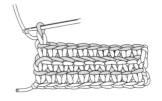

1 从反面编织的行，在前一行针目的前面1根线里挑针钩织短针。

2 下一针也在前面1根线里挑针钩织。

3 从正面编织的行，在前一行针目的后面1根线里挑针钩织短针。

4 从正面看，每行都有条纹出现在织片的前面。

罗纹绳

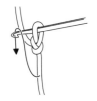

1 留出3倍于想要编织长度的线头后起1针，将线头从前往后挂在针上。

2 挂线，从刚才挂在针上的线头和1个线圈中引拔出。

3 将线头从前往后挂在针上。

4 从刚才挂在针上的线头和1个线圈中引拔出。

5 重复步骤3、4。最后从锁针里引拔出。

〇 **短针的正拉针（在前面第2行的针目里挑针的情况）**

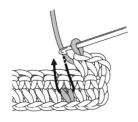 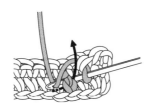 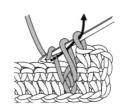 

1 从前面插入钩针，挑起前面第2行短针的整个根部。

2 针头挂线，如箭头所示将线长长地拉出。

3 针头挂线，从针上的2个线圈中引拔出。

4 短针的正拉针完成。

5针长针的爆米花针（在前一行的锁针上整段挑针钩织）

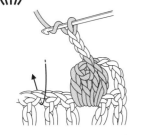 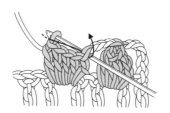  

1 在前一行锁针下方的空隙里插入钩针，整段挑针，钩织5针长针。

2 暂时取下钩针，从前面将钩针插入第1针长针的头部，接着插入刚才取下的针目，再如箭头所示拉出。

3 为了避免拉出的针目疏松，再钩织1针锁针收紧针目。

4 5针长针的爆米花针完成。

5针长针的爆米花针

在前一行的1针里钩织5针长针。后面的钩织方法与在前一行的锁针上整段挑针钩织的5针长针的爆米花针相同。

● **卷针缝缝合（针与针）**

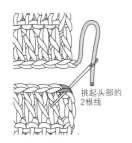 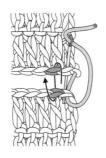 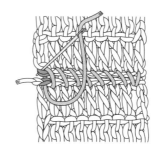

1 将织片正面朝上对齐，在最后一行的针目里插入毛线缝针。

2 交替在2片织片里插入毛线缝针，将线拉出。

3 因为正面可以看到缝合线迹，拉线时要用力均匀。

● 卷针缝缝合（行与行）

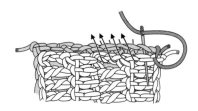
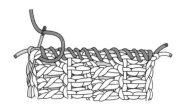

1 将2片织片正面朝内对齐，在起针行的锁针里插入毛线缝针。

2 总是从同一个方向分开边针插入毛线缝针，用缝合线做卷针缝缝合。

3 缝合终点处，在同一个地方穿针1~2次，在织片的反面做好线头处理。

● 引拔接合

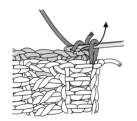
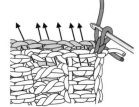
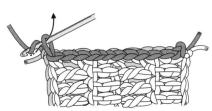

1 将织片正面朝内对齐，在2片织片里一起插入钩针，挂线后拉出。

2 接着挂线引拔。

3 分开边针插入钩针，继续挂线引拔。在箭头所示位置插入钩针。

4 根据针目的具体情况调整引拔的针数，注意不要太松或太紧。

棒针编织

● 从锁针起针上挑针（参照p.98钩织锁针）

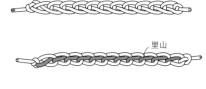

1 锁针有正面和反面之分。确认锁针的里山。

2 在最后1针锁针的里山插入棒针，将编织线拉出。使用共线锁针起针时，不要将线剪断，直接换成棒针从里山挑针。

3 从锁针的里山逐针挑针。棒针上挑好的针目就是第1行。

☐ 下针

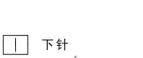
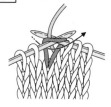
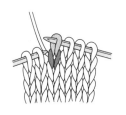

1 将编织线放在左棒针的后面，从针目的前面插入右棒针，挂线后拉出。

2 下针完成。

☐ 上针

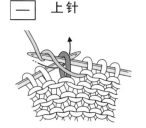

1 将编织线放在左棒针的前面，从针目的后面插入右棒针，挂线后拉出。

2 上针完成。

● 伏针（右侧、下针）

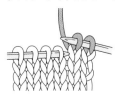

1 边上的2针编织下针。

2 将第1针覆盖在第2针上。

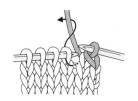

3 编织下一个下针后，挑起前一针覆盖上。重复以上操作。

● 引拔收针

1 在边针里插入钩针，挂线后引拔。

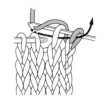

2 在下一针里插入钩针，挂线后一次性从针上的2个线圈中引拔出。

3 重复步骤2。

4 在最后1针里穿过线头后拉紧。

| ⊠⊠ | 右上2针交叉 |

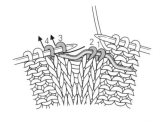

1 将左棒针上右边的2针移至麻花针上，放在织片的前面，针目3、4编织下针。

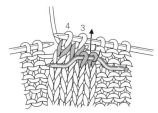

2 在织片前面的针目1里插入棒针，编织下针。

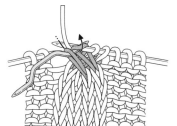

3 针目2也编织下针。

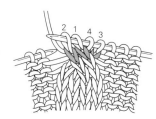

4 右上2针交叉完成。

| ⊠⊠ | 左上2针交叉 |

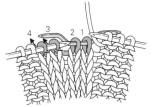

1 将左棒针上右边的2针移至麻花针上，放在织片的后面。

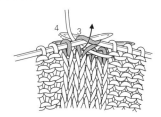

2 针目3编织下针。

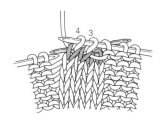

3 针目4同样编织下针。

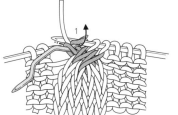

4 针目1编织下针。

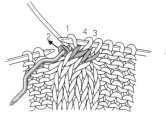

5 针目2同样编织下针。

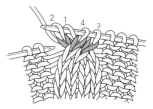

6 左上2针交叉完成。

备案号：豫著许可备字 -2021-A-0121

图书在版编目（CIP）数据

人气品牌包包钩编. 2 /（日）BEYOND THE REEF著；
蒋幼幼译. —郑州：河南科学技术出版社，2024. 6
ISBN 978-7-5725-1517-0

Ⅰ. ①人… Ⅱ. ①B… ②蒋… Ⅲ. ①包袋—钩针—编
织—图集 Ⅳ. ①TS935.521-64

中国国家版本馆CIP数据核字（2024）第091869号

出版发行：河南科学技术出版社
　　　　　地址：郑州市郑东新区祥盛街27号　　邮编：450016
　　　　　电话：（0371）65737028　　65788613
　　　　　网址：www.hnstp.cn
策划编辑：仝广娜
责任编辑：刘　瑞
责任校对：刘淑文
封面设计：张　伟
责任印制：徐海东
印　　刷：河南新达彩印有限公司
经　　销：全国新华书店
开　　本：889 mm×1 194 mm　　1/16　　印张：6.5　　字数：190千字
版　　次：2024年6月第1版　　2024年6月第1次印刷
定　　价：49.00元

如发现印、装质量问题，影响阅读，请与出版社联系并调换。